FORSCHUNGSBERICHTE DES LANDES NORDRHEIN-WESTFALEN

Nr. 1937

Herausgegeben im Auftrage des Ministerpräsidenten Heinz Kühn
von Staatssekretär Professor Dr. h. c. Dr. E. h. Leo Brandt

DK 621.946.922

Prof. Dr.-Ing. Max Vater
Dr.-Ing. Norbert Hansen

Institut für Bildsame Formgebung der Rhein.-Westf. Techn. Hochschule Aachen

Einfluß der Verformungsbedingungen auf die Veränderung der Oberflächenbeschaffenheit beim Ziehen von Drähten und Stäben

WESTDEUTSCHER VERLAG · KÖLN UND OPLADEN 1968

ISBN 978-3-663-06258-5 ISBN 978-3-663-07171-6 (eBook)
DOI 10.1007/978-3-663-07171-6

Verlags-Nr. 011937

Gesamtherstellung: Westdeutscher Verlag

Inhalt

1. Einleitung

Im Gegensatz zu einer »geometrisch-idealen Oberfläche« wird die bei einem technischen Fertigungsprozeß entstehende *wirkliche* Begrenzungsfläche eines Werkstückes als »technische Oberfläche« bezeichnet und im allgemeinen durch die Angabe ihrer Rauheit beschrieben. Seitdem G. SCHMALTZ vor 30 Jahren die Oberflächenforschung begründete, hat die Frage des Oberflächenzustandes nach der Bearbeitung große Bedeutung erlangt. Früher entschieden in erster Linie Maßhaltigkeit und mechanische Eigenschaften über die Güte eines gefertigten Teiles; heute können in vielen Fällen beide Faktoren nur noch in Verbindung mit einer guten Oberfläche den Ansprüchen genügen. Somit ist die Oberflächenbeschaffenheit für die moderne industrielle Fertigung zu einem Qualitätskriterium geworden.
Dies gilt in besonderem Maße auch für die Verfahren der spanlosen Formgebung. Eine gerechte Beurteilung der hohen Anforderungen, die an die Oberflächengüte von Tiefziehblechen, Draht, Blankstahl und Rohren gestellt werden, ist aber nur möglich, wenn man weiß, welche Oberflächenqualität mit den einzelnen Verfahren überhaupt erreicht werden kann. Es müssen also zunächst alle Vorgänge, die bei der Umformung eines Werkstückes an dessen Oberfläche ablaufen, eingehend untersucht werden, um dann einerseits dem Verbraucher die Grenzen seiner Wünsche aufzeigen und andererseits dem Hersteller Anhaltspunkte für die sinnvolle Anwendung seines Umformverfahrens sowie die richtige Gestaltung seiner Werkzeuge geben zu können. In diesem Sinne soll die vorliegende Arbeit einen Beitrag leisten.

2. Erkenntnisstand

Eine Betrachtung über die Veränderung der Oberflächenfeingestalt bei Kalt-Umformvorgängen setzt unbedingt voraus, daß die Beschaffenheit der Oberfläche klar, objektiv und umfassend beschrieben werden kann. So allgemeine Begriffe wie »rauh« oder »glatt« sind wertlos für Untersuchungen, die sich mit der Mikrostruktur einer Oberfläche befassen. Die beste und einfachste Lösung besteht darin, mit einem sinnvollen und exakt durchführbaren Meßverfahren die Oberflächengestalt zu messen und in Zahlenwerten auszudrücken. Hierbei ist zu bedenken, daß man die Rauheit einer technischen Oberfläche nicht nur nach ihrer absoluten Größe, sondern auch nach ihrer Form beurteilen muß. Diese Tatsache wird im Schrifttum viel zu selten beachtet, obwohl es durchaus möglich ist, daß gerade die Form der Rauheitsspitzen die Funktion einer Oberfläche in noch nicht zu übersehender Weise beeinflußt. Form und Größe einer Rauheit sind zwei ganz verschiedene Parameter, die in keinem ursächlichen Zusammenhang miteinander stehen. Das bedeutet aber, daß *eine* Maßzahl nicht ausreicht, beide Faktoren in gleicher Weise anschaulich und umfassend zu kennzeichnen. Für die vollständige Beschreibung einer technischen Oberfläche müssen also mindestens zwei Kennzahlen gefordert werden.

2.1 Möglichkeiten zur Kennzeichnung einer Oberfläche

Bei der Beschreibung einer technischen Oberfläche muß davon ausgegangen werden, daß die Spitzen und Täler der Rauheit regellos auf der Oberfläche verteilt sind und ein ungeordnetes Kollektiv im statistischen Sinne bilden [1, 2]. Eine Aussage über die durchschnittliche Größe und Verteilung der Rauheit ist daher nur mit statistischen Methoden möglich. Das bedeutet zunächst einmal, daß die zur Kennzeichnung der Oberflächenrauheit benutzte Maßzahl selbst eine statistische Größe, d. h. ein Mittelwert sein muß; außerdem muß aber durch eine genügend große Anzahl von Messungen die statistische Sicherheit dieser Maßzahl belegt sein. Nach W. Lueg und U. Krause [2] genügen hierfür 60–70 Einzelmessungen. Durch Vergrößerung des bei jeder Messung zurückgelegten Tastweges reichen auch weniger Messungen aus, da dadurch längere Einzelstrecken des Oberflächenprofils erfaßt werden.

Die Güte einer Oberfläche kann mit Hilfe des aufgezeichneten Profilschnittes (Profilschrieb), durch die berechneten Maßzahlen oder durch Schrieb und Zahlenwerte zusammen beurteilt werden. In der Fachliteratur wird mehrfach die Auffassung vertreten, daß die Aufzeichnung des Profils eine wesentlich bessere Aussage über den geometrischen Oberflächenzustand liefert als einzelne gemessene Rauheitswerte [3, 4]. Dies trifft allerdings nur dann zu, wenn Oberflächenschriebe gleicher Überhöhung miteinander verglichen werden, oder wenn es sich um eine verzerrungsfreie Darstellung handelt. Bei den oft vorkommenden Profilüberhöhungen von 25:1 bis 10:1 gelangt der ungeübte Beobachter eines Schriebes meist zu dem Fehlschluß, daß die Rauheit aus vielen schlanken Spitzen besteht. Wird die gleiche Oberfläche aber unverzerrt aufgeschrieben, so gehen die schlanken Spitzen in sanfte Hügel über (Abb. 1). In diesem Fall kann also der Profilschrieb eine ausreichende Vorstellung von der tatsächlichen Oberflächenbeschaffenheit vermitteln. Darüber hinaus kann man sich an Hand der verzerrungsfreien Aufzeichnung klarmachen, daß bei einer technischen Oberfläche nicht nur die Größe der Rauhtiefe, sondern auch der Verlauf des Profils von Bedeutung ist. So können z. B. Oberflächenprofile gleicher Rauhtiefe ganz verschiedene Rauheitsformen aufweisen. Für die moderne Oberflächenforschung erhebt sich in diesem Zusammenhang die Frage, inwieweit durch die in der Norm festgelegten Kenngrößen auch die

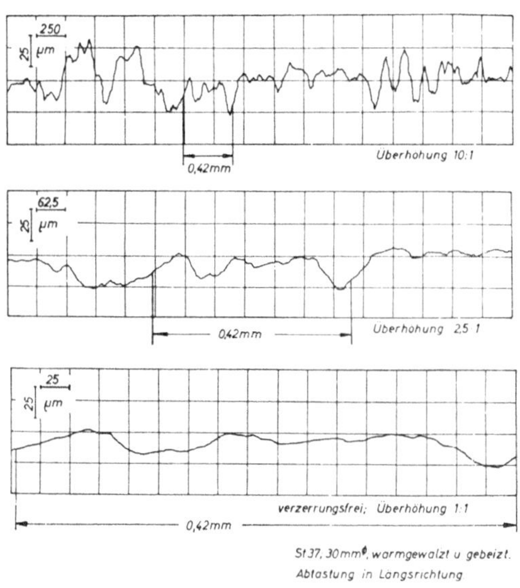

Abb. 1 Profilaufzeichnung in überhöhter und verzerrungsfreier Darstellung

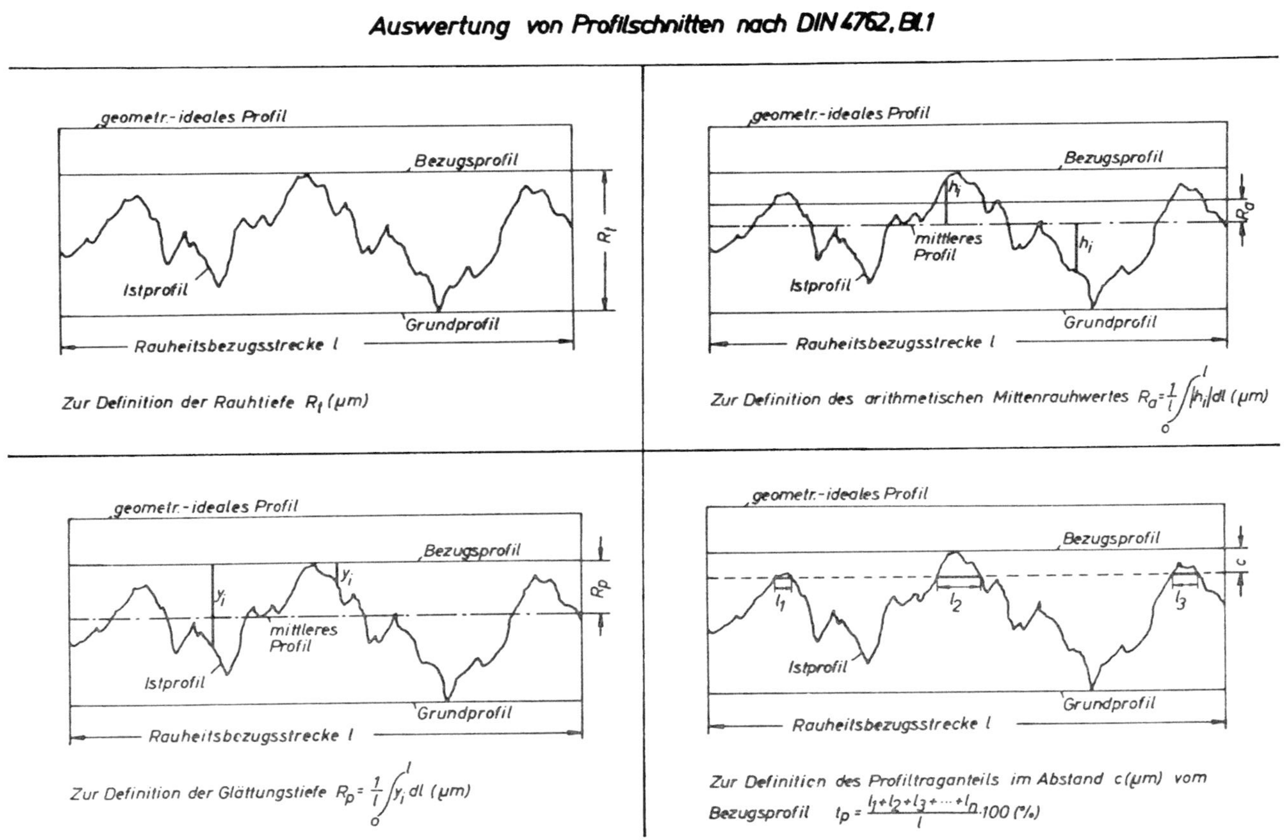

Abb. 2 Begriffe und Bezeichnungen zur Auswertung von Profilschnitten nach DIN 4762, Bl. 1

Form der Rauheit erfaßt wird, und welchen Einfluß Form und Größe der Rauheit auf das Gebrauchsverhalten der erzeugten Oberfläche haben [5, 6, 7, 8]. Dieses Problem ist bisher fast gar nicht untersucht worden; man beschränkte sich lediglich auf die Feststellung der Oberflächenbeschaffenheit.

Über die Aussagefähigkeit der in DIN 4762, Bl. 1 [9], festgelegten Rauheitskennzahlen gehen die Meinungen in der Literatur weit auseinander. Unter »Aussagefähigkeit« soll hier die Möglichkeit verstanden werden, mit einer bestimmten Kennzahl die Ausbildung einer technischen Oberfläche eindeutig und anschaulich so zu kennzeichnen, daß man eine Vorstellung von der Größe und Form der Rauheit erhält. E. Bickel [10] spricht auch von der »Empfindlichkeit« eines Kennwertes und meint damit die Fähigkeit einer Oberflächen-Meßzahl, eine geringe Veränderung von Form und Größe der Rauheit auszudrücken. Gerade diese Eigenschaft wäre für die Beschreibung umgeformter Oberflächen wünschenswert. (Als »umgeformte Oberfläche« wird hier und im folgenden jede Begrenzungsfläche eines beliebig plastisch verformten Körpers bezeichnet.)

Die anschaulichste Oberflächen-Maßzahl ist die *Rauhtiefe* R_t (Abb. 2), die vor allem in Deutschland zur Kennzeichnung herangezogen wird. Obwohl sie nur einen Größtwert innerhalb der Rauheitsbezugsstrecke angibt und durch einen sogenannten Ausreißer in vollem Umfange beeinflußt wird, läßt sie eine gute Beurteilung der Größe der Rauheit zu [1]. Durch Mittellung mehrerer Rauhtiefen-Messungen vergrößert sich die Sicherheit des Urteils, doch kann daraus nichts über die Form der Rauheit ausgesagt werden. Die *Glättungstiefe* R_p stellt laut Definition den mittleren Abstand des Bezugsprofils vom Istprofil dar (vgl. DIN 4762). Auch R_p vermittelt als alleinige Meßgröße noch keine Vorstellung von der Gestalt der Mikrooberfläche. Liegen aber mehrere Oberflächentypen mit gleicher Rauhtiefe R_t vor, so kann mit Hilfe der Glättungstiefe eine gute Unterscheidung zwischen den einzelnen Typen getroffen werden, weil R_p sehr stark auf die geometrische Form des Rauheitsprofils anspricht [2, 5, 11, 12]. Die Anschaulichkeit der Glättungstiefe ist recht gut, weil sie das Maß darstellt, um welches ein Oberflächenprofil vom höchsten Rauhberg aus abgetragen werden muß, so daß nach Auffüllen aller Rauhtäler mit dem abgetragenen Volumen eine ideal-glatte Oberfläche entsteht. Im Gegensatz dazu ist der *arithmetische Mittenrauhwert* R_a wenig geeignet, eine Oberfläche zu beschreiben, da zusätzlich die Vorstellung von der mittleren Linie erforderlich ist [1] (Abb. 2). Von der Form der Rauheit ist der R_a-Wert weitgehend unabhängig.

Aus den vorstehenden Ausführungen geht hervor, daß keines der drei genormten Senkrechtmaße R_t, R_p, R_a allein ausreicht, um eine technische Oberfläche eindeutig und anschaulich hinsichtlich Form und Größe der Rauheit zu kennzeichnen. Deshalb wird von mehreren Seiten vorgeschlagen, *Rauhwert-Verhältnisse* zu bilden und als Kenngrößen heranzuziehen. So definiert G. Schmaltz [13] bereits 1936 den Begriff

$$\text{Völligkeitsgrad } k = \frac{R_t - R_p}{R_t}.$$

Nur wenig später führt P. Nicolau (vgl. [14]) den

$$\text{Leeregrad } \lambda = \frac{R_p}{R_t}$$

ein (Bezeichnung λ nach O. Kienzle [1]).

Letzterer Begriff war noch 1956 im Normentwurf vorhanden, ist aber dann in die endgültige Fassung von DIN 4762 (August 1960) nicht mehr aufgenommen worden. Aus neuerer Zeit stammt der

$$\text{Formfaktor } \delta = \frac{R_a}{R_p},$$

der speziell die Form des betrachteten Rauheitsprofils charakterisieren soll [14]. (Die im Originaltext verwendete Bezeichnung k_f ist hier durch δ ersetzt worden.) Alle drei Definitionen lassen sich an idealisierten Oberflächentypen veranschaulichen [2, 4, 5, 11, 14]. H. VON WEINGRABER [7] vertritt zwar die Auffassung, daß eine derartige Behandlungsweise die Oberflächenproblematik »in wirklichkeitsfremder Weise vereinfacht«, doch dürfte – wie später noch gezeigt wird –, im statistischen Mittel gesehen, die idealisierte Form mit dem tatsächlichen Profilverlauf funktionell übereinstimmen. Wie aus Abb. 3 hervorgeht, liefern die drei Rauhwert-Verhältnisse teilweise sehr eindeutige Unterschiede zwischen den einzelnen Profilformen. Man sollte daher bei Oberflächenbeschreibungen mindestens die Rauhtiefe oder Glättungstiefe zur Kennzeichnung der Größe der Rauheit und ein Rauhwert-Verhältnis zur Kennzeichnung der Rauheitsform angeben.

idealisierte Rauheitsprofilform	Rauheitsmaße (μm)			Völligkeitsgrad	Leeregrad	Formfaktor
	R_t	R_a	R_p	$k = 1 - R_p/R_t$	$\lambda = R_p/R_t$	$\delta = R_a/R_p$
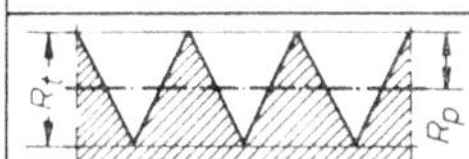	20	5	10	0,5	0,5	0,5
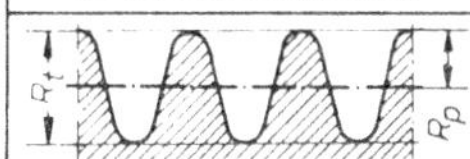	20	6,3	10	0,5	0,5	0,63
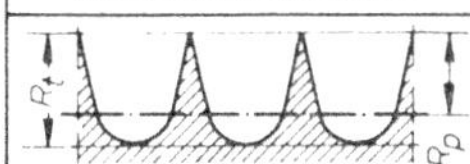	20	3,65	15,7	0,215	0,785	0,23
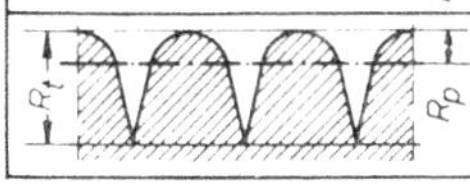	20	3,65	4,3	0,785	0,215	0,85

Abb. 3 Idealisierte Rauheitsprofilformen und zugehörige Rauhwert-Verhältnisse

Es ist erstaunlich, daß für die praktische Oberflächenmeßtechnik nur die Senkrechtmaße R_t, R_p und R_a Bedeutung erlangt haben, während dem *Profiltraganteil* t_p als Kennzahl kaum Beachtung geschenkt wird. Als bezogene Größe ist er aber mehr als jene Maße geeignet, die Form der Rauheit zwischen Bezugsprofil und Grundprofil zu charakterisieren und Hinweise auf das Gebrauchsverhalten der Oberfläche zu geben [8, 15, 16]. Nach DIN 4762, Bl. 1, wird der Traganteil eines Profilschnittes in Abhängigkeit vom Abstand c vom Bezugsprofil ermittelt (vgl. Abb. 2). Trägt man t_p für jeden beliebigen Abstand c über der Rauheitsbezugsstrecke l auf, so erhält man die schon bei G. SCHMALTZ [13] angegebene Profiltragkurve nach ABBOTT und FIRESTONE (Abb. 4). Sie ist eigentlich nichts anderes als die Summenkurve der Rauhtiefen-Häufigkeitsverteilung. Mit Hilfe beider Kurven hat M. PESANTE [17] den Unterschied in der Rauheitsform zwischen einer gedrehten und einer geschliffenen Oberfläche einwandfrei nachgewiesen. Theo-

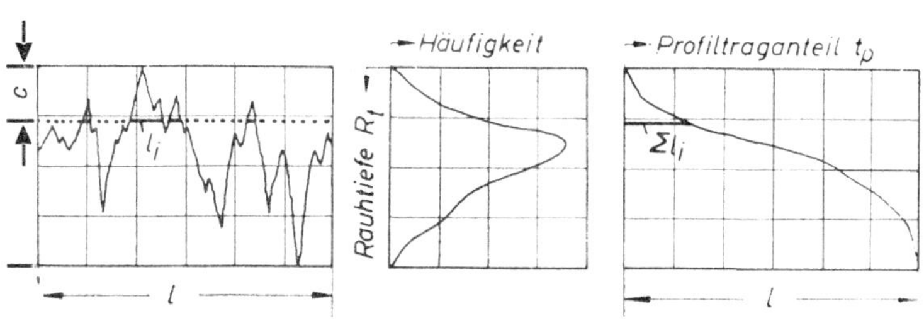

Abb. 4 Profiltraganteilkurve nach ABBOTT und FIRESTONE

retische Untersuchungen zum Profiltraganteil und zu seiner Beziehung zu den Senkrechtmaßen liegen von M. Ehrenreich [18], M. Gary [19] und G. Hertel [16] vor. Gemessene Profiltraganteilkurven sind bisher nur in zwei Fällen veröffentlicht worden [18, 20]. Der Grund hierfür dürfte in erster Linie in dem großen Aufwand zu suchen sein, der mit der Aufnahme der Tragkurven im Vergleich zur Messung der anderen Rauheitsmaße verbunden ist. Die besondere Fähigkeit der Profiltraganteilkurve, verschiedene Rauheitsformen voneinander zu unterscheiden, kann mit Abb. 5 nachgewiesen werden, in dem die t_p-Kurven für die vier idealisierten Oberflächentypen der Abb. 3 dargestellt sind.

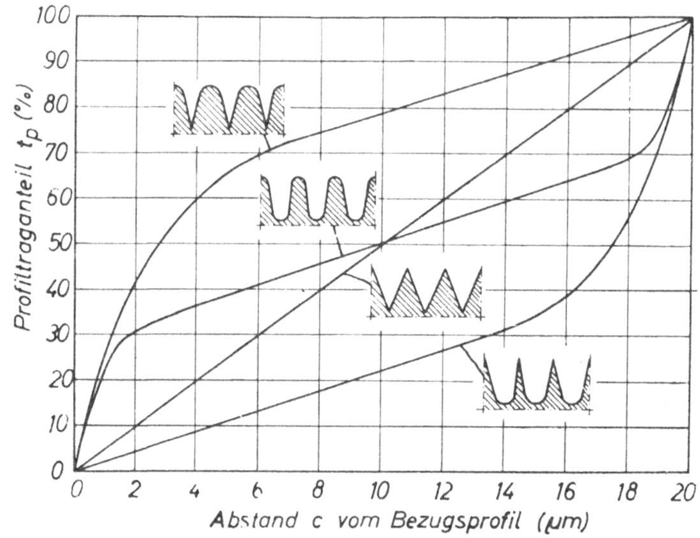

Abb. 5 Zusammenhang zwischen Profiltraganteilkurve und Rauheitsform

2.2 Veränderung der Oberflächen-Feingestalt bei Kalt-Umformung

2.2.1 Freie und gebundene Umformung

Die Veränderungen an der Oberfläche bei der Verformung können

a) ohne Werkzeugberührung,
b) unter zeitweiliger, d. h. nicht während des ganzen Umformvorganges dauernder Berührung mit dem Werkzeug, oder
c) unter ständiger Werkzeugberührung

vor sich gehen [21]. Bereits G. Schmaltz [13] gebraucht hierfür die Begriffe »freie« und »gebundene Umformung«. Die wichtigsten Verfahren der freien Umformung sind das Reck-Ziehen, Stauchen, Biegen und Verdrehen. Zu der gebundenen Umformung zählen u. a. das Drahtziehen, Fließpressen sowie das Kalt-Walzen von Bändern und Blechen. Bei verschiedenen technischen Umformvorgängen läßt sich die Trennung zwischen freien und gebundenen Oberflächen nicht scharf vollziehen; vielmehr können beide Oberflächenarten gleichzeitig entstehen (z. B. Rohr-Hohlzug, Stauchen), oder anfänglich freie Oberflächen werden am Ende des Verformungsvorganges zu gebundenen und umgekehrt (z. B. Tiefziehen, Stauchen). Als Besonderheit muß noch das Stauchen bei Verwendung fester Schmierstoffe erwähnt werden, weil hier die werkzeuggebundenen Stirnflächen des Stauchkörpers mit zunehmender Verformung auch rauher werden können [22, 23].

Bei den meisten technischen Umformverfahren wird die Veränderung der Werkstückoberfläche während der Verformung durch die Berührung mit einem Werkzeug hervorgerufen. Neben den Parametern Anfangsrauheit, Verformungsgrad und Korngröße, die für die Oberflächenwandlung bei freier Umformung verantwortlich sind, wird die Beschaffenheit der Oberfläche jetzt zusätzlich von den äußeren Bedingungen der Umformung (Temperatur, Schmierung, Geschwindigkeit) beeinflußt. Die Berührung Werkstück–Werkzeug geschieht in jedem Falle unter hohen Druckspannungen, die eine Plastifizierung des ganzen Werkstückvolumens einschließlich der Rauheitsspitzen seiner Oberfläche zur Folge haben. Dabei ist es für die Veränderung der Oberfläche von großer Bedeutung, ob zwischen Werkstück und Werkzeug bei der Umformung eine Relativbewegung stattfindet oder nicht [1, 21]. Reiner Druck ohne jede Gleitung herrscht z. B. in der Mitte beim rotationssymmetrischen Stauchen und am Boden beim Rückwärts-Napffließpressen. Im Gegensatz dazu gleitet beim Drahtziehen die Oberfläche des Umformgutes unter Druck mit hoher Geschwindigkeit gegenüber dem Werkzeug. Alle Veränderungen der Oberflächenrauheit bei gebundener Umformung werden als »Gleitrauhung« bezeichnet [1].

2.2.2 Oberflächenwandlung beim Ziehen von Draht, Stabstahl und Rohren

Das Kalt-Ziehen ist ein Umformverfahren mit mittelbarer Druckspannungseinwirkung; d. h., eine von außen aufgebrachte Zugspannung erzeugt erst in der Düse die zur Verformung erforderliche Querdruckspannung. Die Größe der Verformung wird im allgemeinen durch die erzielte Querschnittsabnahme ausgedrückt; beim Drahtziehen spricht man bisweilen auch von der Durchmesserabnahme. Während die Fragen des Kraft- und Arbeitsbedarfes, des Stoff-Flusses beim Ziehen, der Maßhaltigkeit sowie der mechanischen Eigenschaften des Ziehgutes weitgehend geklärt sind, befinden sich die Untersuchungen über die Veränderung der Oberflächenrauheit durch den Ziehvorgang noch im Anfangsstadium. Diese Tatsache ist um so erstaunlicher, als z. B. mit der Bezeich-

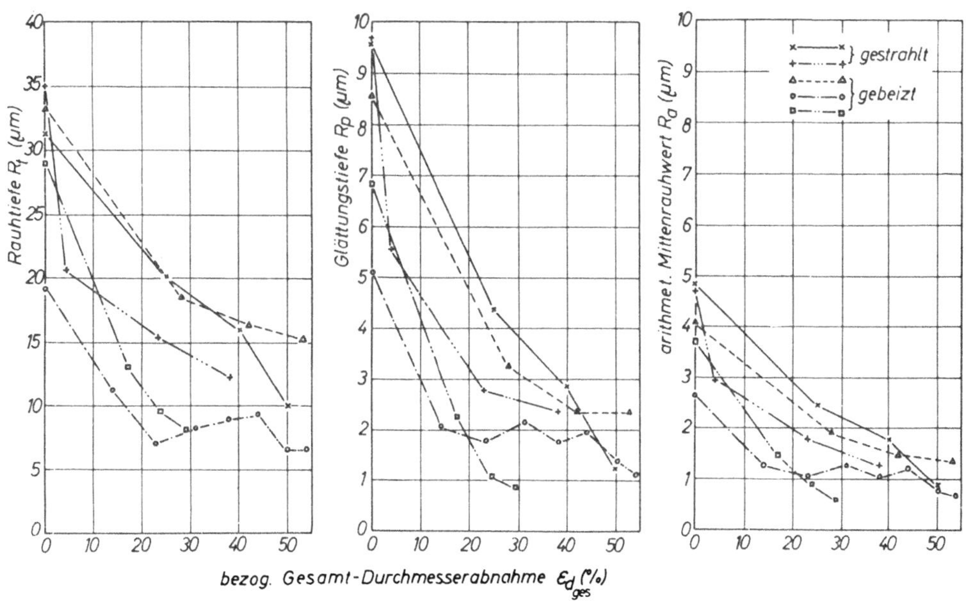

Abb. 6 Abhängigkeit der Oberflächenrauheit von der Durchmesserabnahme beim Ziehen von Stahldraht (nach O. Kienzle und K. Mietzer [1])

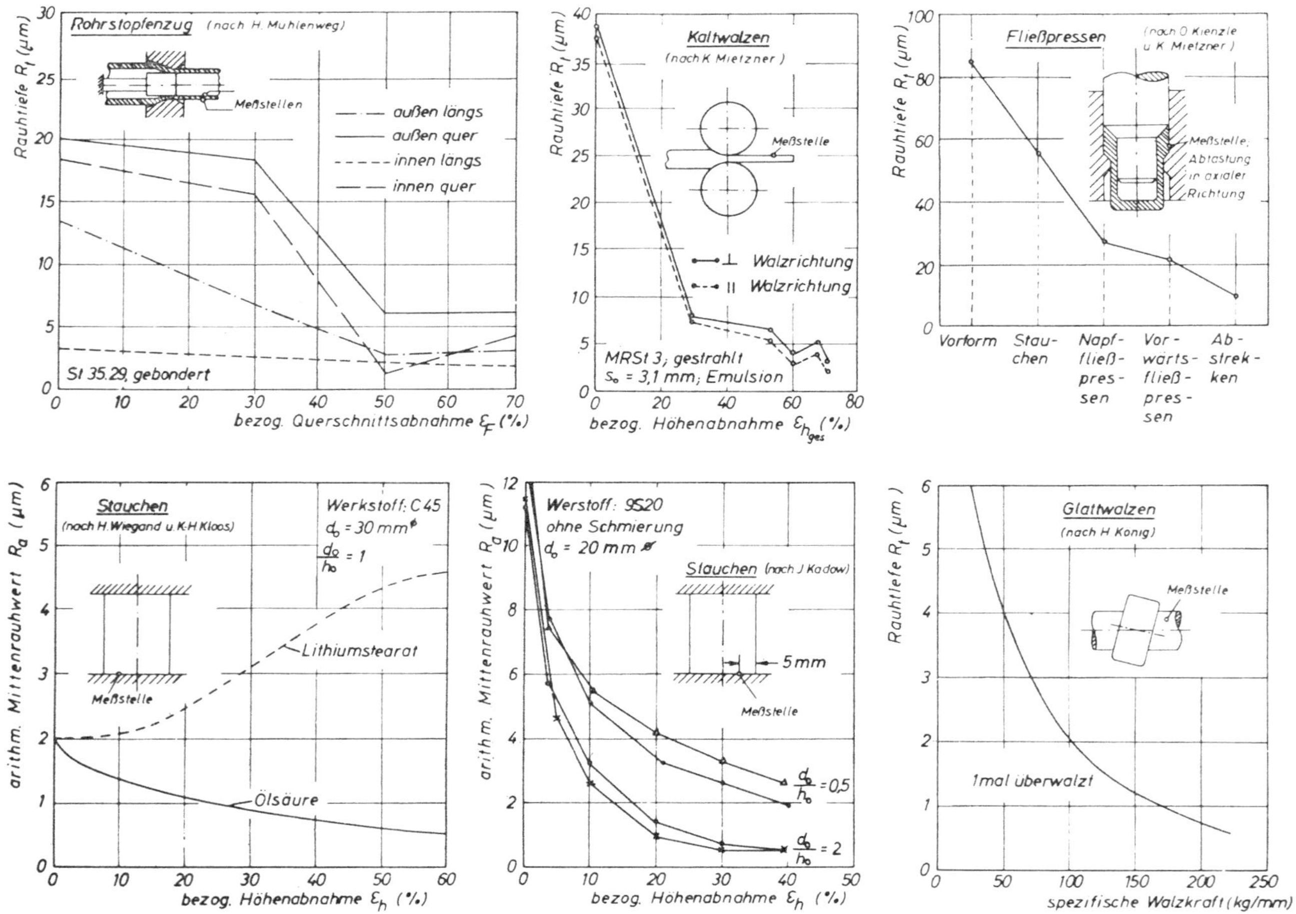

Abb. 7 Verlauf der Rauheitsänderung bei verschiedenen Umformverfahren

nung »blankgezogen« seit jeher ausgedrückt wird, daß das Ziehgut im Gegensatz zum Walzmaterial eine Oberflächengüte von bestimmter Qualität besitzt.

Erste Untersuchungen über die Oberflächenbeschaffenheit von gezogenem Material sind von W. LUEG und U. KRAUSE [2, 24] veröffentlicht worden. Sie stellten zunächst fest, welche Rauheitswerte größenordnungsmäßig an der Oberfläche von gezogenem Stahldraht und Stabstahl überhaupt auftreten können. Für das Drahtziehen ergaben sich R_t-Werte zwischen 4 und 18 μm; beim Stabziehen lag R_t zwischen 2 und 20 μm. O. KIENZLE und K. MIETZNER [1] bestätigen diese Ergebnisse für das Ziehen von Stahldraht. Wie aus Abb. 6 hervorgeht, zeigen die drei Rauheitsmaße R_t, R_p und R_a mit steigender Gesamtformänderung die gleiche fallende Tendenz. Um die Einebnung der Oberflächen-Feingestalt mit zunehmender Verformung nachzuweisen, würde also eine einzige Rauheitszahl genügen. Betrachtet man in diesem Zusammenhang auch die übrigen Umformverfahren, so läßt sich nach Abb. 7 folgende Feststellung treffen:

Mit steigender Formänderung nimmt die Größe der Rauheit des Umformgutes ab.

Aus dem annähernd hyperbolischen Verlauf der Kurven ist zu ersehen, daß bei Überschreiten einer bestimmten Gesamtverformung keine wesentliche Verbesserung der Oberflächengüte mehr zu erreichen ist. Die unterschiedliche Änderung der Stirnflächenrauheit von Stauchproben je nach Wahl des Schmiermittels ist bereits erwähnt worden. – Beim Glattwalzen wird die Einebnung zweckmäßigerweise nicht in Abhängigkeit von der Formänderung, sondern als Funktion der spezifischen Walzkraft (kg/mm) angegeben, da hier keine Veränderung der makroskopischen Werkstückabmessungen angestrebt wird [25]. – Auch beim Fließpressen kann die Rauheitsänderung besser in Gegenüberstellung mit den einzelnen Verfahrensstufen dargestellt werden [26]. Die Größe der jeweiligen Rauheitsabnahme hängt natürlich nicht allein von der durchgeführten Formänderung ab, sondern ebenfalls von den übrigen Verformungsbedingungen des betrachteten Verfahrens.

Die statistische Verteilung der Rauheit auf einer gezogenen Oberfläche ist nach eingehenden Messungen von W. LUEG und U. KRAUSE [2, 24] links-asymmetrisch (Abb. 8). Im Gegensatz dazu ergibt sich beim Kalt-Walzen eine Gaußsche Normalverteilung der

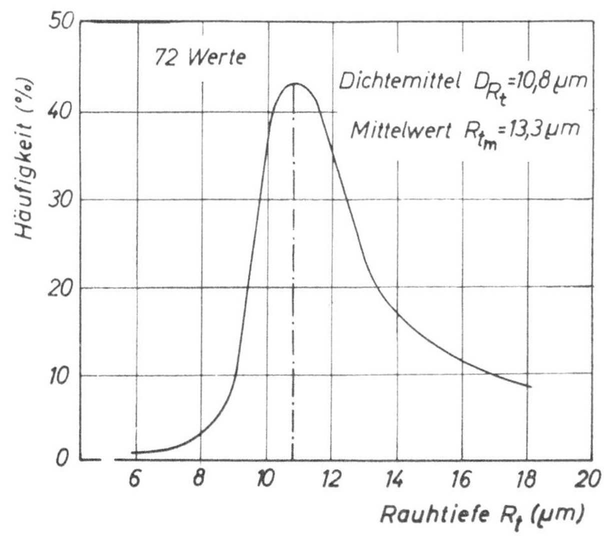

Abb. 8 Häufigkeitsverteilung der Rauhtiefe auf einer gezogenen Staboberfläche (nach W. LUEG und U. KRAUSE [2])

Rauhwerte. Außerdem ist die natürliche Streuung der gewalzten Rauheit wesentlich geringer als die Rauheitsstreuung auf der gezogenen Oberfläche.

Ein weiteres charakteristisches Kennzeichen der gezogenen Oberfläche besteht darin, daß sich nicht nur die Größe, sondern auch die *Form* der Rauheit verändert. W. LUEG und U. KRAUSE [24] sprechen von einem »dichten« Oberflächenaufbau, der von einzelnen tiefen Löchern durchsetzt ist. O. KIENZLE und K. MIETZNER [1] drücken den gleichen Sachverhalt folgendermaßen aus: Das Oberflächenprofil wird beim Ziehen von einem »gleichsam offenen« zu einem »halboffenen« umgeformt. Dabei ändert sich das Verhältnis von Glättungstiefe R_p zu Rauhtiefe R_t (Leeregrad) von durchschnittlich 0,30 auf 0,15. Während die Bezeichnungen »dicht«, »offen« und »halboffen« für eine objektive Beschreibung zu vieldeutig sind, ist hier mit der Angabe von Zahlenwerten erstmals eine klare Unterscheidung der unverformten von der verformten Rauheit bezüglich ihrer Form getroffen worden. Es besteht ebenfalls ein Unterschied im Aufbau von kalt gewalzten und gezogenen Oberflächen, so daß man bei gleichen Kennzahlen nicht von gleichen oder ähnlichen Oberflächentypen sprechen kann [24].

Nach Meßergebnissen von K. MIETZNER [27] ist die Rauheit auf der Oberfläche von warm gewalzten und entzunderten Stäben ungerichtet ungleichförmig; die Rauhtiefen liegen zwischen 25 und 75 μm. Die Richtungsunabhängigkeit der Rauheit bleibt auch nach dem Ziehen erhalten. Demgegenüber soll nach Ansicht des gleichen Verfassers [1] beim Ziehen von Draht ein Unterschied zwischen Längs- und Umfangsrauheit bestehen.

Ein Einfluß der Querschnittsabnahme beim Stabziehen im Bereich zwischen 12 und 20% auf die Größe der Glättung konnte nicht sicher festgestellt werden. Als wesentliches Ergebnis ist jedoch die Tatsache zu werten, daß beim Ziehen in zwei Zügen die Oberfläche glatter wird als bei gleicher Gesamt-Verformung in einem Zug [27]. Hinsichtlich des Einflusses der Querschnittsform beim Stabziehen liegen noch keine eindeutigen Resultate vor.

Die Rauheit der Werkzeuge hat keine meßbare Rückwirkung auf die Oberflächenqualität des Ziehgutes, da sie klein im Vergleich zur Rauheit der gezogenen Oberfläche ist.

Eine starke Abhängigkeit der »gezogenen« Rauheit vom verwendeten Schmiermittel zeigte sich beim Drahtziehen, wo naß gezogene Drähte die besten Oberflächen ergaben [1, 24]. In diesem Zusammenhang ist interessant, daß bei Versuchen mit Hochdruckschmierung zur Erzeugung eines hydrodynamischen Schmierfilms im Ziehhol die Oberfläche des gezogenen Drahtes mit steigendem Druck schlechter wurde [28].

Über den Einfluß der Art der Walzmaterial-Entzunderung auf die Rauheit nach dem Ziehen liegen noch keine ausreichenden Meßwerte vor; allerdings besteht z. B. bei Drähten ein ausgeprägter Unterschied zwischen gestrahlten und gebeizten Oberflächen [1, 29]. M. VATER, G. NEBE und A. SCHÜTZA [30] stellten eine Abhängigkeit zwischen Oberflächenrauheit, Schmiermittelverbrauch und Ziehsteinleistung fest. Die gestrahlten Drähte besitzen im Vergleich zu gebeizten eine um 20–30% größere Rauheit und verursachen dadurch besonders im ersten Zug einen höheren Schmiermittelverbrauch und einen größeren Ziehsteinverschleiß. Das Strahlentzundern von Stabstahl als Ersatz für das bisher übliche Beizen breitet sich immer mehr aus. H. WIRTZ [31] und W. ZIELER [32] geben einen guten Überblick über den derzeitigen Stand der Technik. Hinsichtlich der Oberflächengüte der gezogenen Stäbe hat sich der vom Strahlen herrührende Zunderstaub als nachteilig erwiesen, da er beim Ziehen in die Oberfläche eingepreßt wird und Poren zurücklassen kann. In vielen Fällen wird daher ein kurzes Nachbeizen vorgenommen und eine Kalkschicht als Schmiermittelträger aufgebracht. Über die weitere Anwendung der Strahlentzunderung bei Stabmaterial wird erst dann entschieden werden können, wenn mit diesem Verfahren die gleiche Ziehleistung bezüglich Durchsatz, Oberflächenqualität des Ziehgutes und Verschleiß der Ziehwerkzeuge möglich ist wie bei der normalen Beizentzunderung.

Die einzige systematische Untersuchung über die Veränderung der Oberfläche beim Rohrziehen ist von H. MÜHLENWEG [33] bekanntgeworden. Im Gegensatz zum Ziehen von Vollquerschnitten (Draht, Stabstahl) stellte er beim Rohr-Hohlzug fest, daß die Güte der Außenoberfläche nicht nur durch die Ausgangsrauheit und die Querschnittsabnahme bestimmt ist, sondern auch durch die beim freien Umformen zu Beginn des Ziehens auftretende Aufrauhung und damit durch die Korngröße des Materials. Bei sehr großer Formänderung pro Zug kann durch ein Nachfließen des Werkstoffes nach Verlassen der Ziehdüse eine neue Aufrauhung der Oberfläche eintreten. Die Werkzeugform hat dabei nach H. MÜHLENWEG keinen Einfluß auf die Oberflächenausbildung. Hingegen ist nach G. DÉVÉNYI [34] die Qualität der Außenoberfläche beim Ziehen mit Traktrix-Werkzeugen besser als beim Ziehen mit kegelförmigen Ziehdüsen. Die Innenoberfläche kann sich beim Hohlzug ungehindert verformen, wobei wiederum Korngröße und Formänderung die Haupteinflußgrößen für die entstehende Rauheit sind [35] (Abb. 9).

Beim Ziehen über einen Stopfen wird die Rohr-Innenoberfläche zu einer gebundenen Oberfläche und entsprechend der Größe der Umformung geglättet, während die Außenoberfläche die gleichen Stufen der Oberflächenveränderung durchläuft wie beim Hohlzug (Abb. 7).

Für den Rohr-Stangenzug gilt bezüglich der Außenoberfläche das gleiche wie für den Stopfenzug. Die Innenoberfläche dagegen erfährt eine besondere Wandlung. An der engsten Stelle des Ziehringes wird die Relativgeschwindigkeit zwischen Rohr und Stange gleich Null, und es tritt reines Prägen ein, wobei sich die Stangenrauheit und feste Schmiermittelschichten bis zu einem bestimmten Grade auf der Rohr-Innenoberfläche abbilden [33].

H. MÜHLENWEG hat auch als erster den Begriff des *Böschungswinkels* eingeführt. Durch diesen wird die Steilheit der Rauheitsböschung beschrieben, und seine Größe entscheidet über den Grad der Einebnung des Rauheitsprofils bei der Umformung. Über-

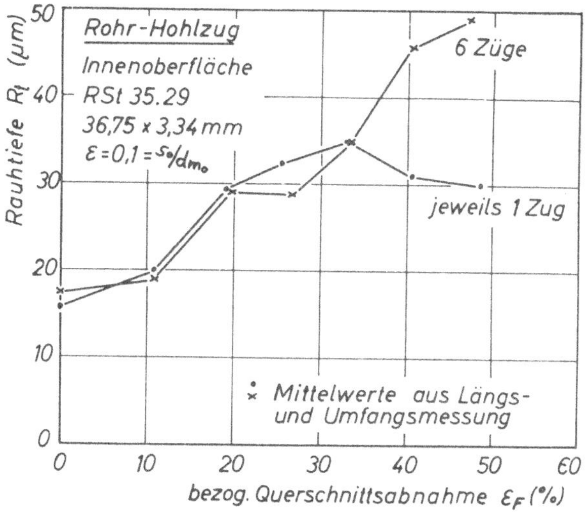

Abb. 9 Veränderung der Innenoberfläche beim Rohr-Hohlzug (nach H. KRON [35])

schreitet der Winkel β (Abb. 10) einen bestimmten Wert (Grenz-Böschungswinkel), so erfolgt bei der Berührung mit einer Werkzeugfläche keine Abflachung, sondern ein Umlegen der Rauheitsspitzen, so daß Überlappungen entstehen. Der steilste Böschungswinkel, der von H. MÜHLENWEG an einem um 20% gereckten Rohr gemessen wurde, betrug 35°.

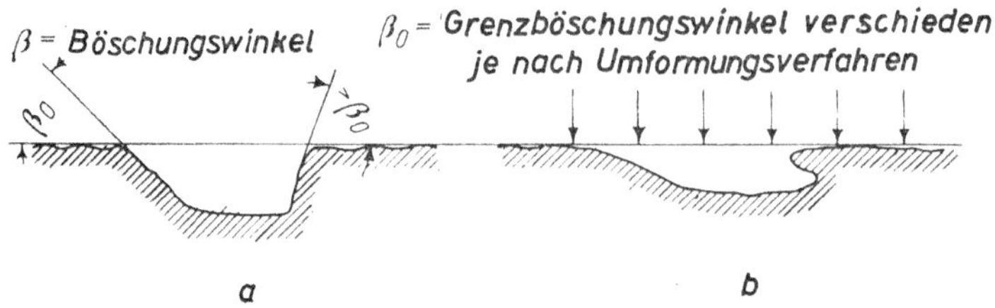

Abb. 10 Zur Definition des Böschungswinkels (nach H. MÜHLENWEG [33])

3. Aufgabenstellung und Ziel der Untersuchungen

Die Auswertung der Literatur hat gezeigt, daß bereits auf vielen Gebieten der Kalt-Umformung erste Ergebnisse über die Veränderung der Oberflächen-Feingestalt umgeformter Teile vorhanden sind. O. KIENZLE und K. MIETZNER [1] haben diese Erkenntnisse zu einer systematischen »Typologie umgeformter metallischer Oberflächen« zusammengefaßt. Ein nächster Schritt muß jetzt darin bestehen, für jedes Verfahren den Einfluß der Verformungsbedingungen im einzelnen zu untersuchen. Damit soll ein sinnvoller Anschluß an frühere Untersuchungen hergestellt werden, die sich zunächst nur mit der makroskopischen *Werkstoffbewegung* an werkzeuggebundenen Oberflächen beim Kalt- und Warm-Stauchen sowie beim Kalt- und Warm-Walzen auf der Flachbahn beschäftigten [53, 55, 56, 57]. Durch Messung der Abstandsänderungen von auf der Oberfläche angebrachten Härteeindrücken konnten damals die Gleit- und Haftzonen und die sich daraus ergebende Oberflächenvergrößerung festgestellt werden. In der vorliegenden Arbeit interessiert dagegen in erster Linie die bei einer Umformung eintretende *Oberflächeneinebnung*, und es soll deshalb versucht werden, auf dem Gebiet des Kalt-Ziehens von Drähten und Stäben die Abhängigkeit der Oberflächenrauheit des Ziehgutes von den einzelnen Umformbedingungen zu klären.

Inwieweit schon Ergebnisse bekannt sind, geht aus dem vorigen Abschnitt hervor. Auf jeden Fall fehlen bis heute zahlenmäßige Angaben und begründete Erklärungen über den Einfluß von

Querschnittsabnahme im Einfach- und Mehrfachzug,
Ziehwinkel,
zylindrische Führungslänge,
Ziehgeschwindigkeit,
Entzunderungsart,
Schmierung und
Werkstoff

auf die Oberflächengüte des gezogenen Materials.

Besonderer Wert bei der Behandlung der genannten Versuchsaufgaben soll auf die klare Darstellung der Ergebnisse gelegt werden. Wie im Abschnitt 2.1 erläutert wurde, muß die Oberflächenrauheit als statistisches Problem behandelt werden. Es ist aber nicht der Sinn dieser Arbeit, die Rauheitsgrößen R_t, R_p und R_a in Großzahluntersuchungen zu ermitteln; vielmehr soll die Abhängigkeit der Oberflächenausbildung von den verschiedenen Ziehparametern schwerpunktartig festgestellt werden. Ein weiteres Hauptziel bei allen Messungen muß darin bestehen, nicht nur die absolute Größe, sondern auch die Form der unverformten und verformten Rauheit zu kennzeichnen. Zu diesem Zweck sollen Profiltraganteilkurven und Böschungswinkel gemessen werden, um die bisher üblichen Begriffe »offenes« und »halboffenes« Oberflächenprofil zu präzisieren.
Alle Untersuchungen werden als Laborversuche unter möglichst betriebsnahen Bedingungen durchgeführt, wobei ausschließlich der Ziehvorgang betrachtet wird. Die Weiterverarbeitung gezogener Stäbe durch Richten, Schleifen und Polieren bleibt unberücksichtigt. Die Ergebnisse sollen sowohl Hinweise für die Praxis als auch Fortschritte für die theoretische Forschung bringen.

4. Eigene Versuche

4.1 Versuchsplan

Der Schwerpunkt der eigenen Untersuchungen lag auf der Klärung des Einflusses von Formänderung, Werkzeugform, Ziehgeschwindigkeit und Schmiermittel bzw. Schmiermittelträger beim Ziehen von Stäben. Als Ergänzung wurden einige Drahtziehversuche durchgeführt. Bei allen Zügen mit einem der obengenannten Parameter blieben Werkstoff und Entzunderungsart konstant, um einwandfreie Versuchsbedingungen zu gewährleisten. Da die Vielfalt der vorhandenen Werkstoffe den Versuchsplan zu sehr ausgeweitet hätte, sollte die Frage des Materialeinflusses nur in einem Beispiel behandelt werden. Das gleiche gilt für den Einfluß der Entzunderung durch Beizen und Strahlen. Einzelne Beiz- oder Strahlparameter wurden nicht variiert. Aus diesem Grunde schien auch eine genaue Untersuchung des Walzzunders nicht erforderlich. Über die Walzabmessungen, mechanischen Eigenschaften und die chemische Zusammensetzung der verwendeten Stähle gibt Tab. 1 Auskunft.
Der Ausgangszustand vor dem Ziehen wird durch die Gefügeschliffe der Abb. 11 gekennzeichnet. Die im Kegelstauchversuch aufgenommenen Fließkurven aller Werkstoffe sind in Abb. 12 zusammengestellt. Dabei handelt es sich jeweils um eine für den betreffenden Werkstoff charakteristische Kurve, da eine Wiedergabe aller, an jedem Walzstab ermittelten Fließkurven das Bild zu unübersichtlich gemacht hätte. Durch den Kegelneigungswinkel von 3° und die zusätzliche Schmierung war die Reibung in den Krafteinleitungsflächen so weit ausgeschaltet, daß alle Proben nach dem Stauchen ihre zylindrische Form behalten hatten und damit der einachsige Spannungszustand gewahrt war. Für den Federstahldraht H 6 wurde statt der Formänderungsfestigkeit k_f jeweils die 0,2-Dehngrenze nach stufenweiser Verformung ermittelt.

Tab. 1 Walzabmessungen, chemische Zusammensetzung und mechanische Eigenschaften der untersuchten Werkstoffe

Lfd. Nr.	Werkstoff-bezeichnung	Walz-abmessung	C (%)	Si (%)	Mn (%)	P (%)	S (%)	N (%)	Cr (%)	Ni (%)	0,2-Dehngrenze (kg/mm²)	Zugfestigkeit σ_B (kg/mm²)	Bruch-dehnung δ_5 (%)	Bruchein-schnürung Ψ (%)
1	St 37	20 mm ⌀	0,09	> 0,01	0,45	0,037	0,029	0,010	–	–	23,3	39,4	36,9	67,6
2	St 37	30 mm ⌀	0,08	> 0,01	0,45	0,041	0,022	0,008	–	–	25,3	43,5	35,0	62,2
3	St 37	32 mm ⌀	0,10	> 0,01	0,33	0,038	0,014	0,006	–	–	27,0	42,0	35,0	61,1
4	St 37	30 × 10 mm	0,08	> 0,01	0,42	0,038	0,020	0,007	–	–	–	–	–	–
5	C 22	32 mm ⌀	0,25	0,22	0,46	0,032	0,038	0,007	–	–	30,1	49,8	33,5	57,0
6	C 35	20 mm ⌀	0,34	0,27	0,60	0,028	0,032	0,007	–	–	35,7	60,7	28,0	52,3
7	H 6	7 mm ⌀	0,65	0,24	0,50	0,017	0,018	0,007	–	–	68,0	110,0	9,4	34,2
8	X 5 CrNi 18·9	32 mm ⌀	0,06	0,60	0,80	–	–	–	18,5	10,0	26,0	56,0	58,8	75,0

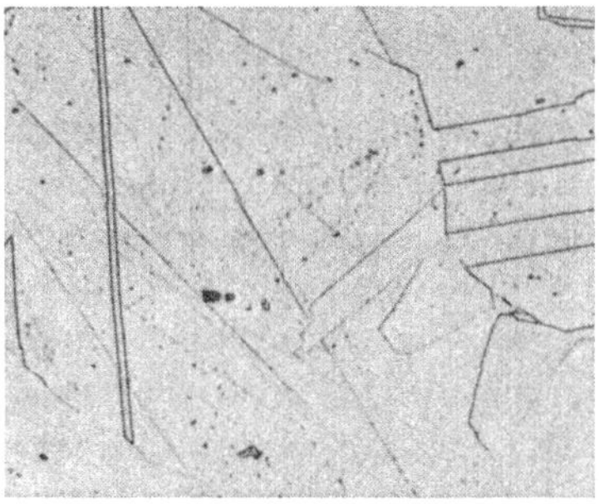

X 5 CrNi 18 9 V 200

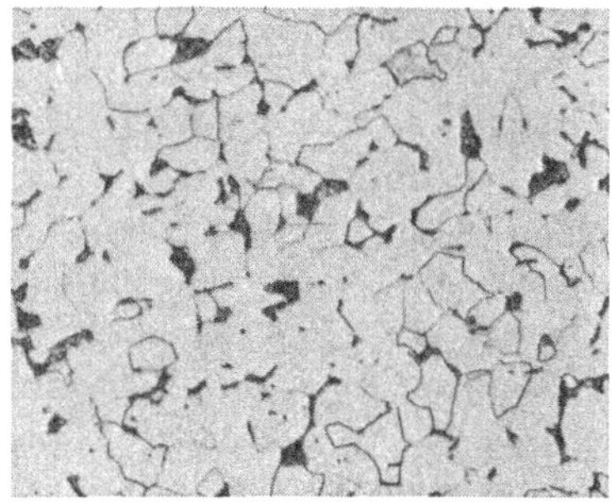

St 37 V 100

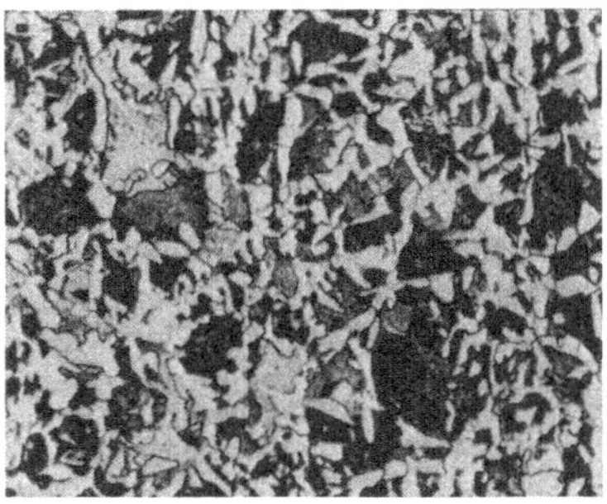

C 35 V 100

Stahldraht H 6 – V 500

Abb. 11 Gefügebilder der verwendeten Werkstoffe

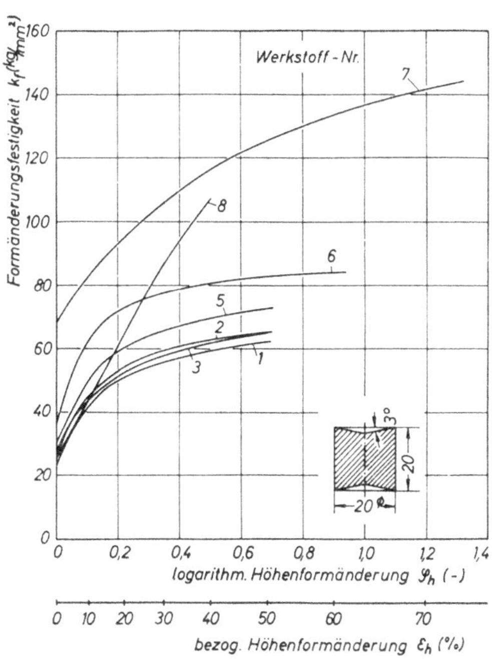

Abb. 12 Zusammenstellung der Fließkurven für die Werkstoffe Nr. 1–8 aus Tab. 1

4.2 Versuchseinrichtung

Die Stabziehversuche wurden auf einer halbautomatischen Kettenziehbank mit maximal 20 t Zugkraft durchgeführt (Abb. 13). Der Ziehantrieb der Maschine erfolgte von einem 55-kW-Gleichstrommotor mit stufenloser Regulierung und verlangsamtem, stoßfreiem Anzug. Die Ziehgeschwindigkeit konnte bis auf 45 m/min gesteigert werden. Bei jedem Zug wurde die Ziehkraft über eine Meßdose mit Dehnungsmeßstreifen gemessen (Abb. 14). Im Gegensatz zu der üblichen einteiligen Bauweise ist hier eine aus drei kleinen Stempeln bestehende Kraftmeßdose benutzt worden, die eigens für diese Ziehbank konstruiert ist und eine ungleichmäßige Druckbeanspruchung auffangen soll. Die Meßstreifen aller Stempel waren zu drei Vollbrücken parallel geschaltet. Die

Abb. 13 Halbautomatische 20-t-Kettenziehbank

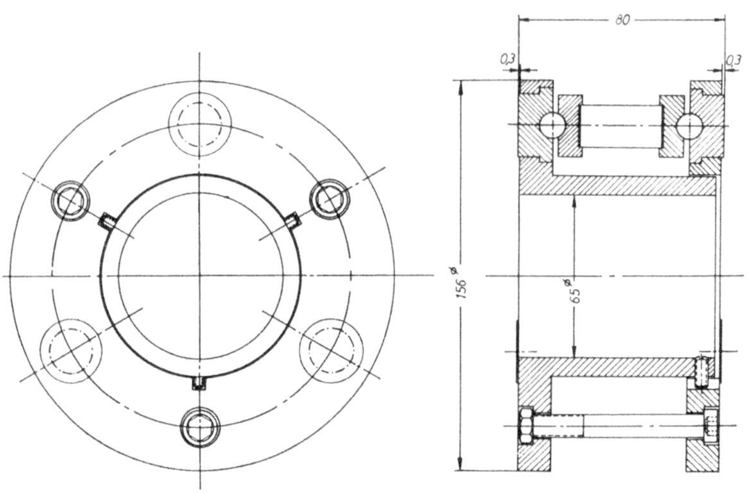

Abb. 14 3-Stempel-Druckmeßdose der 20-t-Ziehbank

Eichung der Dose geschah sowohl unter einer Presse als auch mit Hilfe eines Vergleichs-Meßstabes im eingebauten Zustand in der Ziehbank. Zusätzlich war vorher jeder Stempel einzeln geeicht worden. Der Fehler der gesamten Meßeinrichtung betrug nach Auswertung eines Versuchszeitraumes von einem Jahr ca. $\pm 2\%$.
Für die Drahtziehversuche stand ein Einzeldrahtzug zur Verfügung, der von einem 25-kW-Motor angetrieben wurde. Die vertikal gelagerte, wassergekühlte Ziehtrommel hatte einen Durchmesser von 600 mm. Der ebenfalls wassergekühlte Ziehsteinhalter war mit einer Kraftmeßeinrichtung verbunden, die aus zwei mit Dehnungsmeßstreifen beklebten Hülsen bestand (Abb. 15). Die Ziehgeschwindigkeit konnte mittels vier Getriebestufen von 1,34 auf 3,79 m/s eingestellt werden.

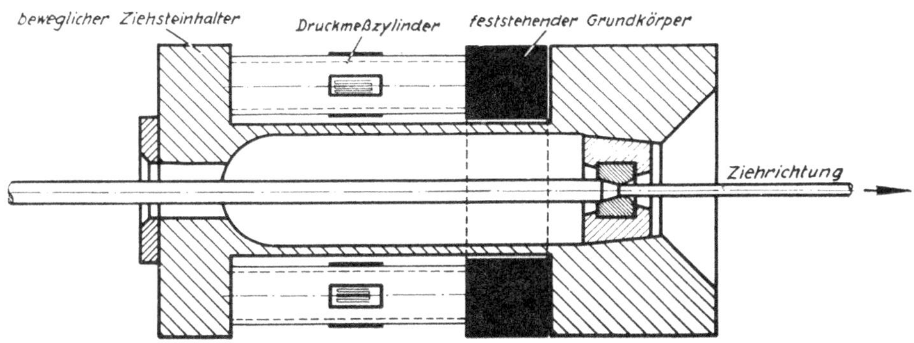

Abb. 15 Kraftmeßvorrichtung des Einzeldrahtzuges (schematisch)

Als Ziehwerkzeuge dienten hochwertige Hartmetall-Ziehsteine sowie Ziehdüsen aus gehärtetem und hartverchromtem Werkzeugstahl. Bei den letzteren lag folgende Werkstoff-Zusammensetzung vor:

Werkzeugstahl A:	0,55% C;	0,64% Mn;	0,34% Mo;	1,8% Ni;	0,1% V.
Werkzeugstahl B:	1,45% C;	0,9 % W;	1,3 % V.		

Beim Auftreten von Ziehriefen am Ziehgut bzw. Aufschweißungen in den Werkzeugen wurden die Ziehdüsen sofort ausgeschieden und aufgearbeitet.

4.3 Versuchsdurchführung

Die Entzunderung des Versuchsmaterials geschah teilweise durch Beizen in verdünnter Salzsäure (3:1) und teilweise durch Strahlen mit Stahlschrot von 0,4 bis 0,6 mm ⌀ und ca. 160 kg/mm² Festigkeit. Hierfür stand eine Strahlanlage zur Verfügung, bei der die auf einem Drehtisch liegenden Proben jeweils nach zwei Minuten die Strahlzone passierten. Bei allen Versuchsreihen waren zur völligen Entzunderung drei Durchgänge erforderlich, sofern nicht eine besondere Aufrauhung gewünscht war. Sämtliche strahlentzunderten Stäbe wurden ohne ein Nachbeizen und ohne eine Schmiermittelträgerschicht gezogen, weil es für die Zielsetzung dieser Arbeit in erster Linie auf die Verformung der Mikrooberfläche ankam und der Ziehdüsenverschleiß wegen der geringen Ziehleistung von untergeordnetem Interesse war. Vor dem Ziehen wurde lediglich der noch vom Strahlen anhaftende Staub mit einer Ziehöl-Emulsion abgewaschen. Die gebeizten Stäbe erhielten teils einen Kalküberzug, teils erfolgte eine Phosphatierung

mit dem »Ziehbonder 205« und eine Nachbehandlung mit »Bonderlube 235«, einem reaktiven Ziehschmiermittel auf Seifenbasis.
Die Versuchsstäbe hatten eine Ausgangslänge von 0,8 bis 1,6 m; die Ziehangel wurde durch Abdrehen hergestellt. Bei den Drahtziehversuchen waren die Abschnitte bis zu 4 m lang. Die Schmierung beim Ziehen erfolgte hier in allen Fällen durch pulverisierte Seife, die vom Draht aus dem Ziehsteinhalterkasten mitgerissen wurde. Beim Stabziehen mit Emulsionschmierung ergoß sich ein kräftiger Strahl Schmierflüssigkeit so auf die Probe, daß diese beim Eintritt in die Düse allseitig benetzt war. Teilweise erfolgte vorher ein zusätzliches Tauchen bzw. Einpinseln der Stäbe. Alle gezogenen Proben wurden in warmem und kaltem Wasser abgeseift, getrocknet und abschließend mit Alkohol gesäubert. Bei den phosphatisierten Stäben ließ sich die Phosphatschicht in einem auf 90°C erwärmten Entfettungsbad entfernen.
Für die Rauheitsmessung wurde von jedem Stab bzw. Draht im Ausgangs- und gezogenen Zustand eine Probe von 80–200 mm Länge abgeschnitten. Die Drähte mußten zum Teil nach dem Ziehen gerichtet werden, um die Oberfläche einwandfrei abtasten zu können. Dies geschah durch ein vorsichtiges Recken der gezogenen Drahtabschnitte in einer Werkstoff-Prüfmaschine, wobei die Belastung etwa der 0,2-Dehngrenze entsprach. Als Oberflächen-Meßgerät war ein Perth-O-Meter vom Typ »Universal S 45« vorhanden (Abb. 16). Die Aufzeichnung des Oberflächenprofils erfolgte mit einem

Abb. 16 Oberflächenmeßgerät »Perth-O-Meter«

Schreiber vom Typ »Perth-O-Graph VCW«, und die Rauheitsmessung in Umfangsrichtung konnte mit einer Umlauf-Prüfvorrichtung (System Hommel) durchgeführt werden. Von jeder Probe wurden die gewünschten Kennzahlen an mindestens zehn, beliebig auf der Oberfläche verteilten Stellen ermittelt. Stäbe mit Ziehriefen oder anderen offensichtlich nicht vom Ziehvorgang herrührenden Oberflächenverletzungen wurden von der Messung ausgenommen, um tatsächlich nur die Rauheit der umgeformten Oberfläche zu erfassen. Für die Abtastungen in Längsrichtung lagen die Proben in einem 90°-Prisma, das mit einem Meßtisch in Richtung der Tastung und senkrecht dazu verschoben werden konnte. Bei allen Messungen betrug der Tastweg 5 mm und der damit gekoppelte cut-off für die Rauhtiefe R_t: 2,5 mm bzw. für die Werte R_p, R_a und t_p: 0,75 mm. Je nach Größe der Rauheit wurden die halbstarren Tastsysteme bis 25 μm oder bis 250 μm Rauhtiefe verwendet.

5. Auswertung und Darstellung der Versuchsergebnisse

5.1 Einfluß der Größe der Formänderung beim Einfach- und Mehrfachzug

Auf Grund der bisher vorhandenen Ergebnisse wurde im Abschnitt 2.2.2 die Feststellung getroffen, daß bei den verschiedenen Verfahren der Kalt-Umformung die Oberflächenrauheit meist etwa hyperbolisch mit der Größe der durchgeführten Formänderung abnimmt. Im folgenden soll diese Abhängigkeit speziell für das Ziehen von Stäben im Einfach- und Mehrfachzug überprüft werden, wobei auch ein Vergleich mit den Resultaten aus Drahtziehversuchen erfolgt.

5.1.1 Einfachzug

Beim betrieblichen Ziehen wird jeder Stab in der Regel nur einmal gezogen; die bezogene Querschnittsabnahme ε_F beträgt dabei 10–20%, in besonderen Fällen auch mehr. Vom Standpunkt der Praxis aus dürfte es also in erster Linie interessieren zu wissen, welche Rauheit unter den üblichen Ziehbedingungen erreicht wird. In Abb. 17 sind die drei Rauheitskennzahlen R_t, R_p, R_a für verschiedene, in einem Zug durchgeführte Formänderungen und für verschiedene Werkstoffe dargestellt. Der bereits bekannte typische Kurvenverlauf wird auch hier, und vor allem für das Stabziehen, bei allen Rauheitsgrößen bestätigt. Lediglich für den patentierten Stahldraht ergibt sich ein anderes Bild. Hier deutet sich ein Einfluß des Werkstoffes und der unterschiedlichen Fertigungsbedingungen an. K. Mietzner [1] hat übrigens bei seinen Drahtziehversuchen ähnliche Meßwerte gefunden (vgl. Abb. 6). Die stärkste Einebnung der Oberflächenrauheit wird bei dem unter normalen Bedingungen gebeizten und gekälkten Baustahl St 37 erreicht. Es fällt auf, daß schon nach einer Querschnittsabnahme von $\varepsilon_F \approx 5\%$ die Rauhtiefe auf etwa ein Drittel des Ausgangswertes abgesunken ist. Die kleinste, mit Sicherheit in einem Zug erreichbare Rauhtiefe dürfte nach den vorliegenden Ergebnissen für alle untersuchten Werkstoffe und Abmessungen bei ca. 10 μm liegen. Eine Erhöhung der Formänderung über $\varepsilon_F = 30\%$ (Einzelzug) wird für das Stabziehen keine bemerkenswerte Verbesserung der Oberflächengüte bringen.

Bezieht man die Rauheitsabnahme bei verschiedenen Formänderungen auf den Ausgangswert, so ergibt sich eine andere Darstellung, die ebenfalls eine Aussage darüber gestattet, welche Querschnittsabnahme zur Erzielung einer bestimmten Oberflächenrauheit durchgeführt werden muß. Abb. 18 zeigt diese Abhängigkeit für die untersuchten Werkstoffe und Abmessungen. Die unterschiedliche Änderung der Oberflächenrauheit kommt hier besonders gut zum Ausdruck. Zunächst kann festgestellt werden, daß die prozentuale Änderung der Glättungstiefe am größten und jene der Rauhtiefe am geringsten ist; damit können die Ergebnisse von K. Mietzner [27] für das Stabziehen bestätigt werden. Darüber hinaus bietet sich eine Gegenüberstellung der Werkstoffe an: Während beim Baustahl St 37 nach 20% Querschnittsabnahme die Rauheit um ca. 84% des Ausgangswertes vermindert ist, sind beim rost- und säurebeständigen Stahl X 5 CrNi 18 9 erst 60% und beim patentierten Stahldraht H 6 etwa 50% erreicht. Diese Feststellung muß aber mit der Einschränkung versehen werden, daß drei sehr verschiedene Ausgangsoberflächen vorgelegen haben, die nicht ohne weiteres miteinander verglichen werden können.

Die Beschaffenheit der Ausgangsoberfläche nach Form und Größe der Rauheit kann sehr unterschiedlich sein. In erster Linie sind es Walzfehler oder direkte Werkstoffmängel, die für die makroskopische Rauheit des vom Walzzunder befreiten Stabes ver-

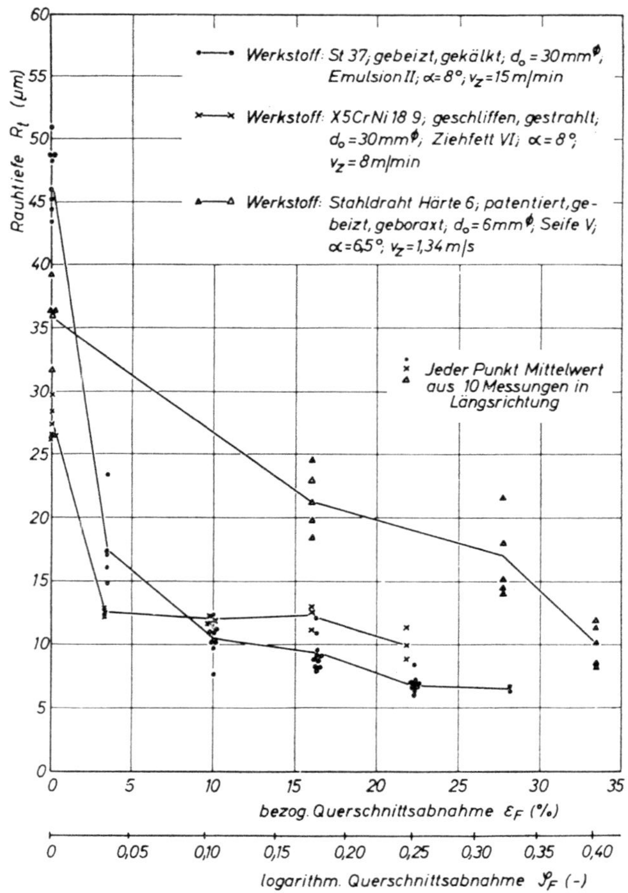

Abb. 17a

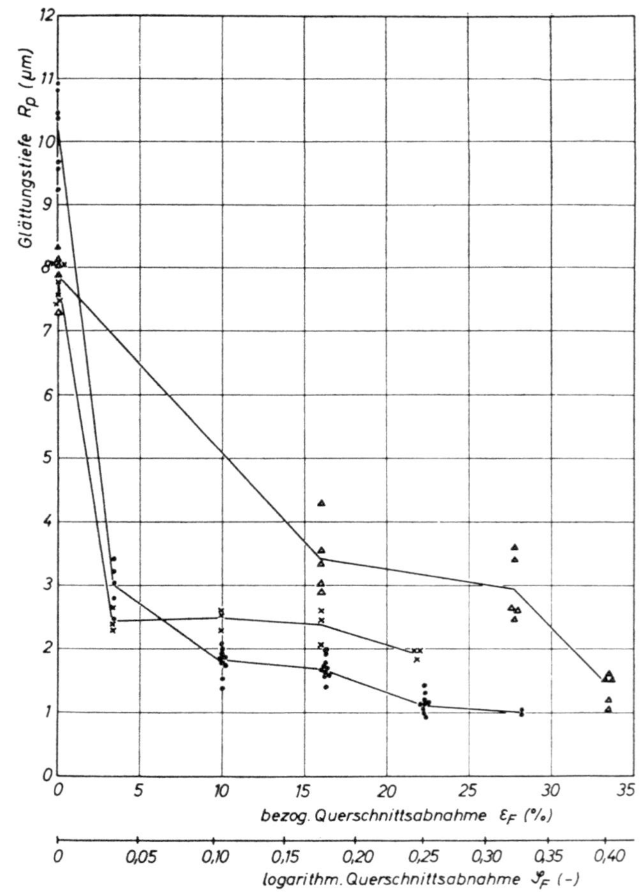

Abb. 17b

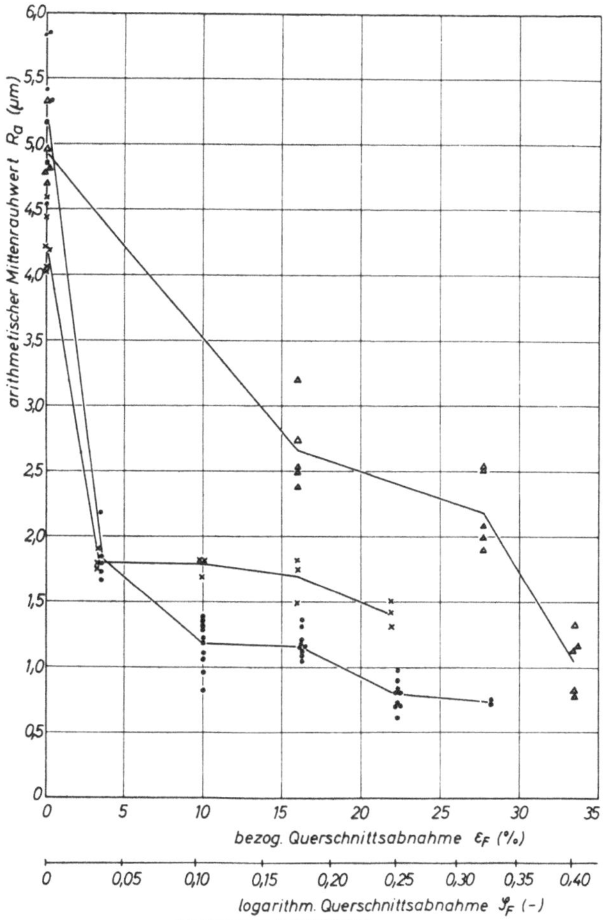

Abb. 17c

Abb. 17a, b, c Abhängigkeit der Oberflächengüte (Rauhtiefe, Glättungstiefe, arithmetischer Mittenrauhwert) von der Querschnittsabnahme beim Ziehen von verschiedenen Werkstoffen

antwortlich sind. Hierzu zählen vor allem Schalen, Risse und Überwalzungen. Die eigentliche Mikrooberfläche wird aber durch sogenannte Poren oder Narben gebildet, die ihre Ursache in der Zunderauflage des Walzstahles haben und mit kleinen Kratern vergleichbar sind, die beim Entfernen des Zunders durch Beizen entstehen [36]. Je nach Dicke der Zunderschicht und je nachdem, ob an einigen Stellen der Zunder schon vor dem Beizen abgesprungen ist, wird sich auf der entzunderten Oberfläche eine beträchtliche Streuung der Rauheit ergeben. Abb. 19 zeigt zwei Bereiche einer gebeizten Staboberfläche; die Rauhtiefenwerte schwanken hier zwischen 28 und 84 µm. Im Gegensatz dazu kann auf einer durch Strahlen entzunderten Oberfläche die Rauheitsstreuung etwas geringer ausfallen (Abb. 19 unten).

Auf jeden Fall können die großen Unterschiede des Ausgangszustandes durch ein einmaliges Ziehen nicht völlig ausgeglichen werden. Einen guten Überblick über die gesamte Rauheitsverteilung auf einer durch Beizen entzunderten und gezogenen Oberfläche gibt Abb. 20. Fotografische Aufnahmen von »rauhen« und »glatten« Oberflächenbereichen bei verschiedenen Verformungsgraden vermitteln einen ungefähren

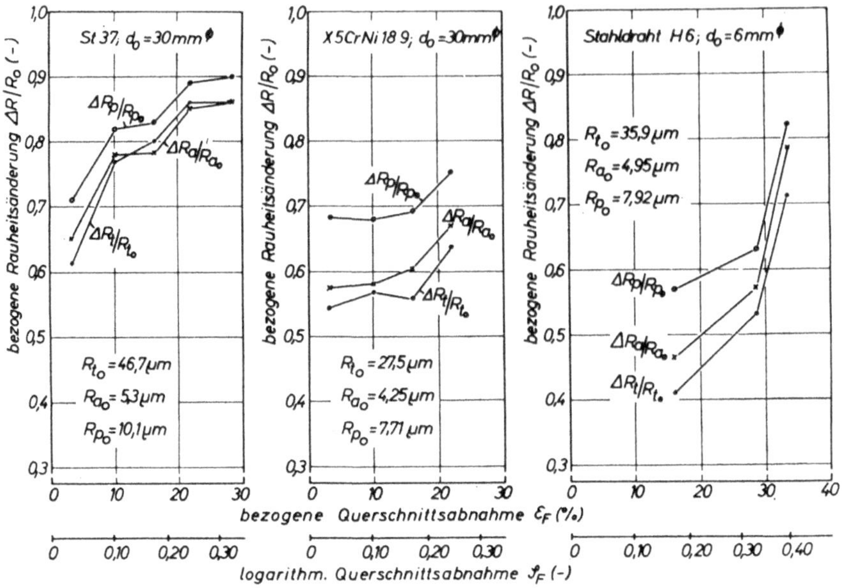

Abb. 18 Einfluß von Werkstoff und Querschnittsabnahme auf die bezogene Rauheitsänderung

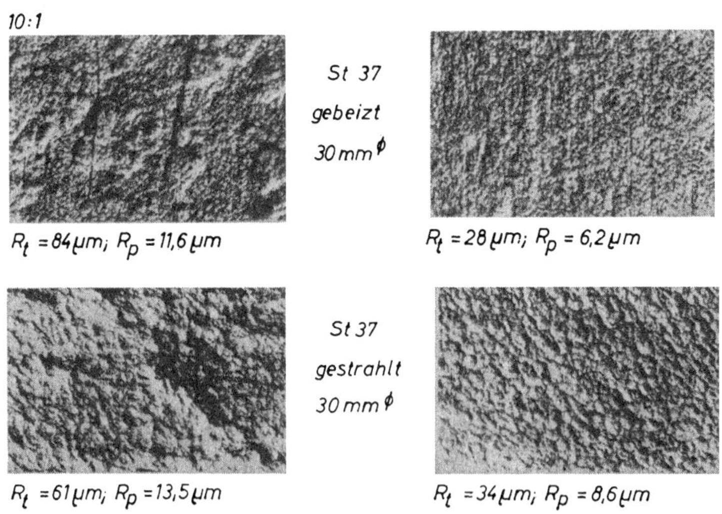

Abb. 19 Oberflächenaussehen von gebeizten und gestrahlten Stäben

Eindruck von der Rauheitsstreuung (Abb. 21). Zweckmäßigerweise werden daher für alle Untersuchungen Mittelwerte angegeben, die aus mehreren, an beliebigen Stellen auf der Oberfläche gemessenen Einzelwerten errechnet sind und somit glatte und rauhe Gebiete berücksichtigen.

Die Ergebnisse der Abb. 17 haben gezeigt, wie die Größe der Rauheit mit steigender Formänderung abnimmt. Dieser Sachverhalt wird durch die drei Kennzahlen R_t, R_p, R_a in gleicher Weise ausgedrückt, und man könnte daraus den Schluß ziehen, daß die Angabe eines einzigen Wertes genügte. Doch gibt schon Abb. 18 einen Hinweis darauf, daß die einzelnen Kennzahlen nicht gleichmäßig stark abnehmen. Bildet man

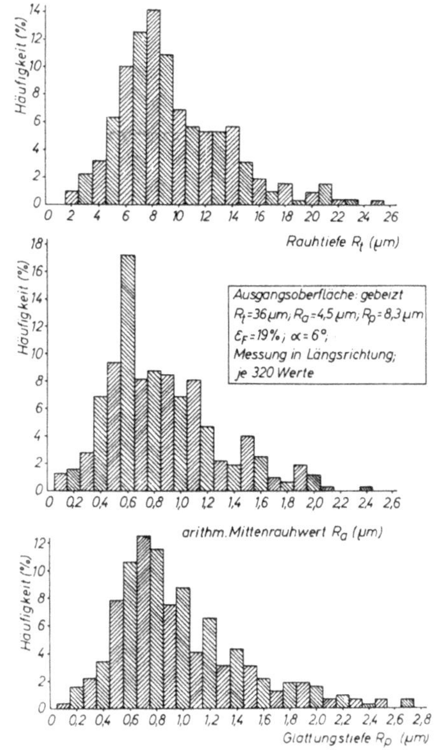

Abb. 20 Rauheitsverteilung auf einer gezogenen Staboberfläche

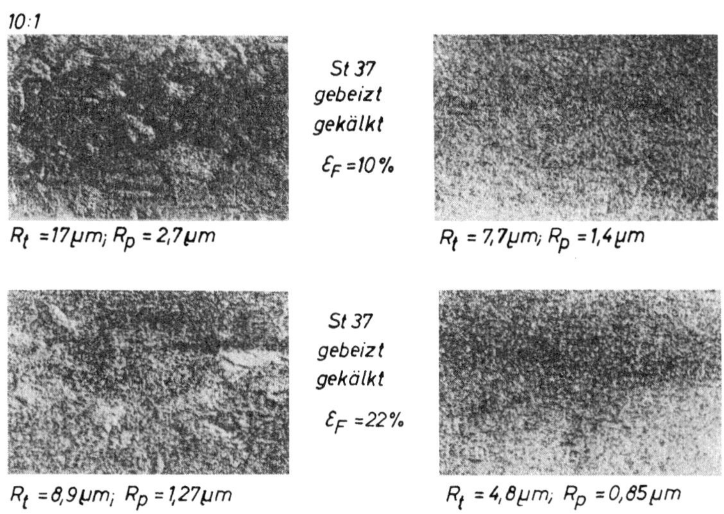

Abb. 21 Bereiche unterschiedlicher Glättung beim Ziehen von gebeizten Stäben

zusätzlich die im Abschnitt 2.1 diskutierten Rauhwertverhältnisse $\delta = R_a/R_p$ (Formfaktor) und $\lambda = R_p/R_t$ (Leeregrad), so wird klar, daß auch die Form der gezogenen Rauheit sich gegenüber dem Ausgangszustand verändert hat:
Mit steigender Formänderung pro Zug wächst der Formfaktor, während der Leeregrad abnimmt (Abb. 22). Dies bedeutet aber, daß die Fläche zwischen Bezugsprofil und Istprofil kleiner geworden ist. Eine entsprechende Profilaufzeichnung unterstreicht diese

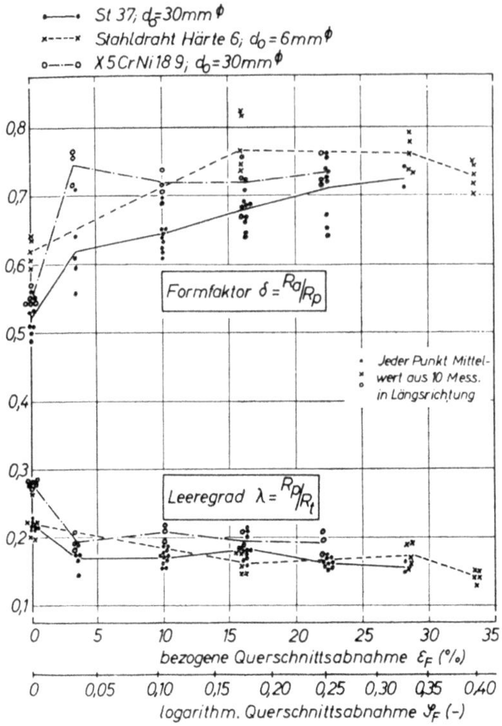

Abb. 22 Veränderung von Leeregrad λ und Formfaktor δ mit steigender Querschnittsabnahme

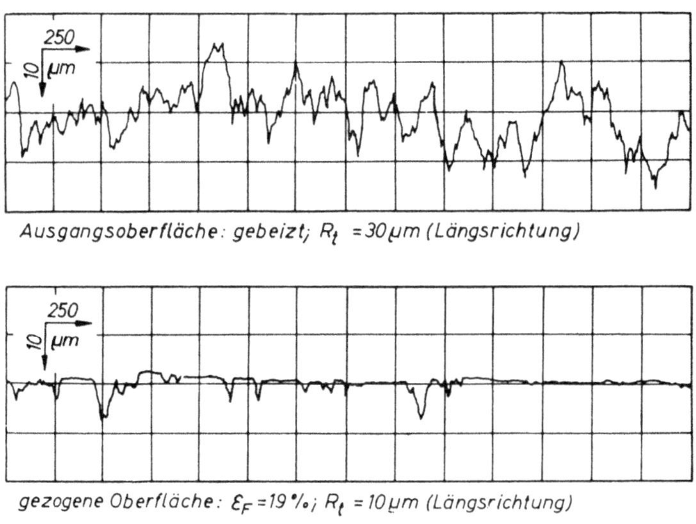

Abb. 23 Profilaufzeichnung einer gebeizten Oberfläche vor und nach dem Ziehen

Feststellung (Abb. 23). Mit dem Ergebnis der Abb. 22 ist erneut bewiesen, daß zur vollständigen Kennzeichnung einer umgeformten Oberfläche die Angabe einer Rauheitszahl und eines Rauhwert-Verhältnisses ausreicht. Dabei reagiert der Formfaktor δ empfindlicher auf eine Veränderung des Rauheitsprofils als der Leeregrad λ. Zwischen beiden Faktoren besteht zudem eine bisher in der Literatur noch nicht erwähnte Abhängigkeit (Abb. 24), die eine Unterscheidung der gebeizten von der um verschiedene Querschnittsabnahmen verformten Oberfläche gestattet.

Ebenfalls in Abschnitt 2.1 wurde darauf hingewiesen, daß die Profiltraganteilkurve besonders geeignet ist, über die durchschnittliche Form des Rauheitsprofils eine Vorstellung zu vermitteln. Deshalb sind in dieser Arbeit erstmals die Traganteile von gezogenen Oberflächen in verschiedenen Abständen vom Bezugsprofil gemessen und zur Beschreibung der Rauheitsform herangezogen worden. In Abb. 25 sind die entsprechenden Kurven für den Ausgangszustand und die einzelnen Verformungsgrade wiedergegeben. Im linken Teil des Bildes ist die bekannte Darstellung des t_p-Wertes über dem

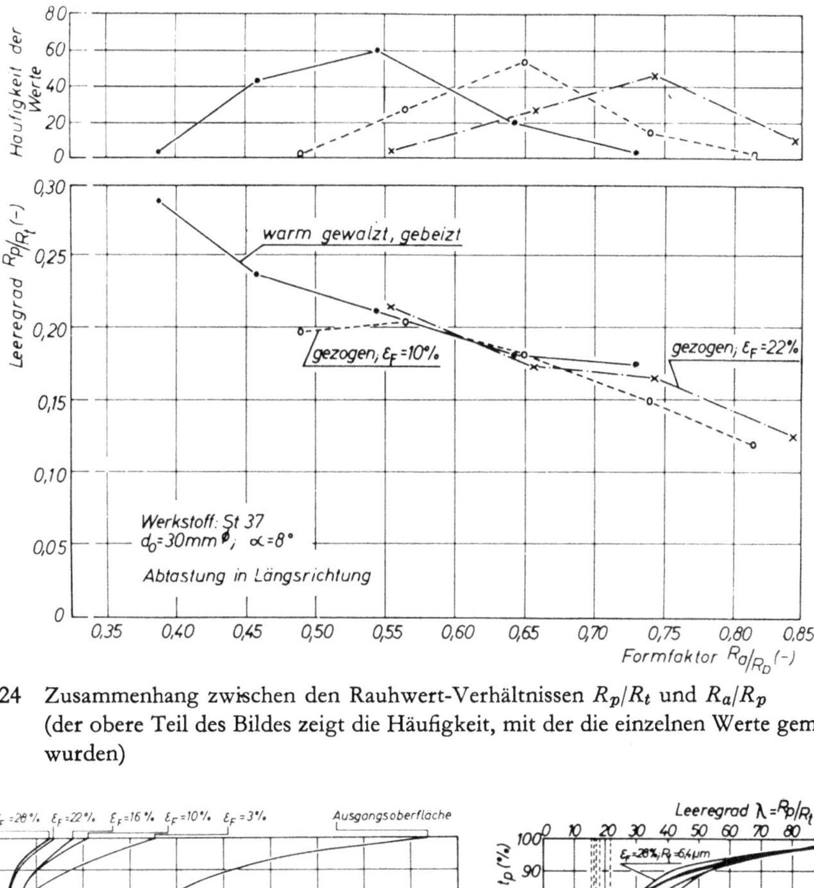

Abb. 24 Zusammenhang zwischen den Rauhwert-Verhältnissen R_p/R_t und R_a/R_p (der obere Teil des Bildes zeigt die Häufigkeit, mit der die einzelnen Werte gemessen wurden)

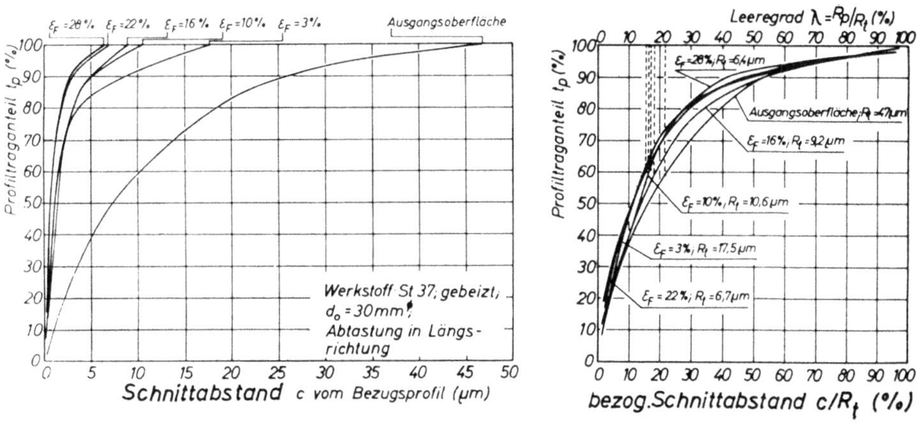

Abb. 25 Profiltraganteilkurven von gezogenen Oberflächen in verschiedenen Darstellungen

Abstand c vom Bezugsprofil gewählt. Danach erreicht der Traganteil seinen Höchstwert von 100% genau bei dem Schnitt-Abstand, der der Rauhtiefe R_t des betrachteten Profils entspricht. Allerdings ist mit dieser Art der Auftragung nicht erkennbar, inwieweit sich das Ausgangsprofil hinsichtlich der Form der Rauheit von dem mit verschiedenen Querschnittsabnahmen gezogenen Profil unterscheidet. Bildet man dagegen das Verhältnis c/R_t – den bezogenen Schnittabstand – so rücken überraschenderweise alle Kurven auf einen schmalen Bereich zusammen (rechter Teil der Abb. 25). Diese Darstellung $t_p = f(c/R_t)$ ermöglicht einen direkten Vergleich der einzelnen Rauheitsprofile; denn wenn sich die Form der Rauhberge durch das Ziehen nicht verändert hätte, müßten jetzt alle Kurven genau übereinanderliegen. Es ist aber eine geringe Abweichung zwischen unverformtem und verformtem Zustand feststellbar, die allerdings innerhalb der verschiedenen Formänderungsgrößen nicht mehr klar auszumachen ist. Auf jeden Fall verlaufen die Profiltraganteilkurven für die umgeformten Oberflächen höher als diejenige für den gebeizten Ausgangszustand. Dies entspricht, wie ein Vergleich mit den idealisierten Rauheitsformen der Abb. 5 zeigt, einer Veränderung des Ausgangsprofils zu einem konvexen oder auch tafelbergartigen Profil. Die Ausdrucksweise von O. Kienzle und K. Mietzner [1], die im allgemeinen Sinne von der Umformung eines »gleichsam offenen« zu einem »halboffenen« Oberflächenprofil sprechen, erhält hiermit eine gewisse Anschaulichkeit.

Als besonderer Vorteil der Darstellung in Abb. 25 rechts ist zu erwähnen, daß auf einer zweiten Abszisse der Leeregrad λ aufgetragen werden kann. Da die Fläche unter der Traganteilkurve immer der werkstofferfüllten Oberfläche entspricht, bedeutet der Abstand von der linken Diagrammseite bis zu den gestrichelt eingezeichneten senkrechten Linien nichts anderes als die Glättungstiefe R_p, d. h. das Maß, um welches das Profil von $c/R_t = 0\%$ ausgehend abgetragen werden muß, um eine ideal-glatte Oberfläche zu erreichen. Die Werte für R_p bzw. für R_p/R_t sind jeweils bis zum Schnittpunkt mit der zugehörigen Profiltraganteilkurve verlängert worden. Zwischen λ und t_p ergibt sich jetzt folgender Zusammenhang: Je steiler und höher der Verlauf der Traganteilkurve ist (Tafelberg-Profil), um so kleiner wird der Leeregrad. Im Grenzfall der völlig eingeebneten Oberfläche ist $R_t = 0$, der Traganteil erreicht sofort 100% und der Leeregrad beträgt ebenfalls 0.

Die beschriebene Methode der t_p-Auftragung wurde – unabhängig von den vorliegenden Meßergebnissen – auch von K. Dziobek [58] in etwas veränderter Form für bearbeitete Holzoberflächen angewendet, ohne daß der besondere Vorteil dieser Darstellungsweise erläutert worden wäre.

Natürlich stellen auch die Profiltraganteilkurven einen mittleren Verlauf innerhalb eines Streubereiches dar. Doch wenn man bedenkt, daß schon die mit den Werten R_t, R_p und R_a erfaßte Rauheit erheblich streut, so erscheint das Sich-zwanglose-Einordnen der einzelnen Meßpunkte in Abb. 26 und die sich daraus ergebende Streuung als nicht zu groß.

Die im Rahmen einer anderen Versuchsreihe aufgenommenen Profiltraganteilkurven (Abb. 27) zeigen den Unterschied zwischen der unverformten und verformten Profilform sehr viel deutlicher als die Kurven der Abb. 25. Um die Vorstellung von der Veränderung des Rauheitsprofils noch stärker zur Geltung zu bringen, könnte man jetzt rückwärts aus der Profiltraganteilkurve das zugehörige Oberflächenprofil rekonstruieren. Ebenso wie die Traganteilkurve ein aus zahlreichen Einzelmeßwerten ermitteltes mittleres Profil darstellt, wäre die daraus berechnete Form einer einzelnen Rauheitsspitze ein Mittelwert im statistischen Sinne. In Abb. 28 sind die Ausgangs- und die gezogene Oberfläche idealisiert als Profilschrieb wiedergegeben. Dabei ist die Rauhtiefe in beiden Fällen gleich 100% gesetzt worden. Die Verzerrung in horizontaler Richtung wurde nicht berücksichtigt.

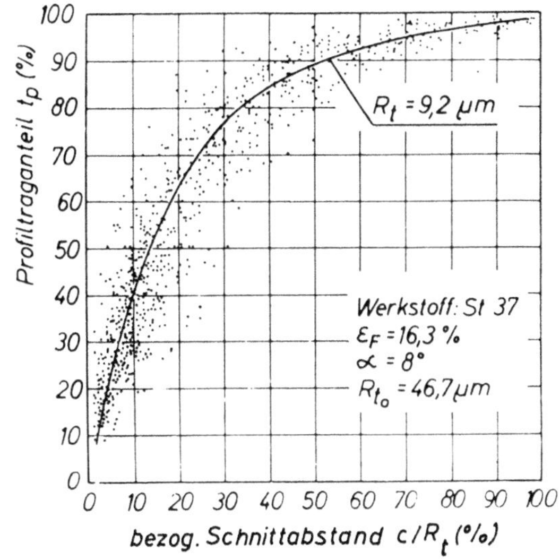

Abb. 26 Streubereich der Profiltraganteilkurve einer gezogenen Staboberfläche

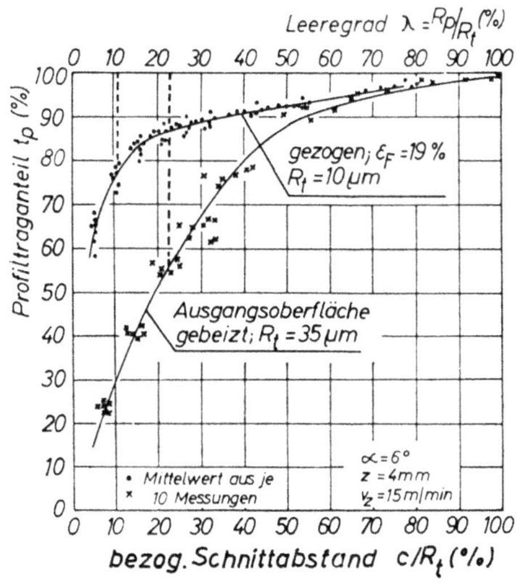

Abb. 27 Profiltraganteilkurve einer gebeizten Oberfläche vor und nach dem Ziehen

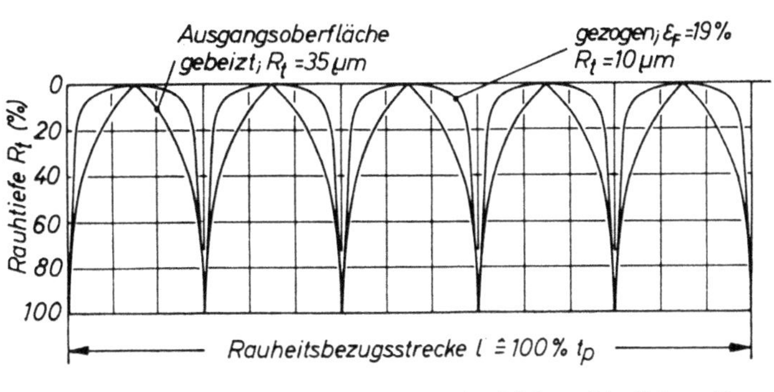

Abb. 28 Veränderung der Rauheitsprofilform durch das Ziehen (idealisierte Darstellung)

Um ihre Anwendbarkeit zur Kennzeichnung von Rauheitstypen noch klarer zu zeigen, sind in Abb. 29 die Profiltraganteilkurven in der Darstellung $t_p = f(c/R_t)$ für fünf verschiedene Blechoberflächen mit fast gleicher Rauhtiefe wiedergegeben. Die Abweichungen zwischen den einzelnen Kurven sind zum Teil erheblich.

Zum Vergleich mit der Oberflächenveränderung beim Ziehen von Rundquerschnitten sollte als Einzelversuch ein Rechteckprofil mit den Walzabmessungen 30×10 mm gezogen werden, um so Aufschluß darüber zu erhalten, ob die Rauheit an verschiedenen Stellen der Oberfläche unterschiedlich stark abnimmt. Wenn man nämlich, wie bei Rundstangen, auch bei flachen Rechteckquerschnitten eine allseitig gleiche Ziehzugabe vorsieht, so ergibt sich eine ungleichmäßige Oberflächenbeschaffenheit des Ziehgutes: Die Kanten des Stabes können scharfgehen bzw. einreißen, während die Mitte der Flachseiten infolge der ungleichen Druckverteilung matt bleiben [37]. Diese Unregelmäßigkeiten sind um so ausgeprägter, je größer das Verhältnis Breite zu Dicke des Stabes ist. In der Praxis muß vor allem das Einreißen der Kanten vermieden werden. Dies läßt sich aber nur durch eine richtige Kalibrierung der Ziehwerkzeuge erreichen. Nach H. Preussler [37] müssen alle Querschnittsteile des Ziehgutes eine verhältnisgleiche Zugabe erhalten, damit überall die gleiche Verlängerung beim Ziehen eintritt. Für das Beispiel des Flachstabes ist in Abb. 30 die theoretische und die praktische Lösung der Kalibrierung dargestellt.

Im vorliegenden Fall waren die Ziehwerkzeuge entsprechend Abb. 30b ausgebildet. Die Rauheitsmaße der um 13,6% Querschnittsabnahme gezogenen Staboberfläche sind

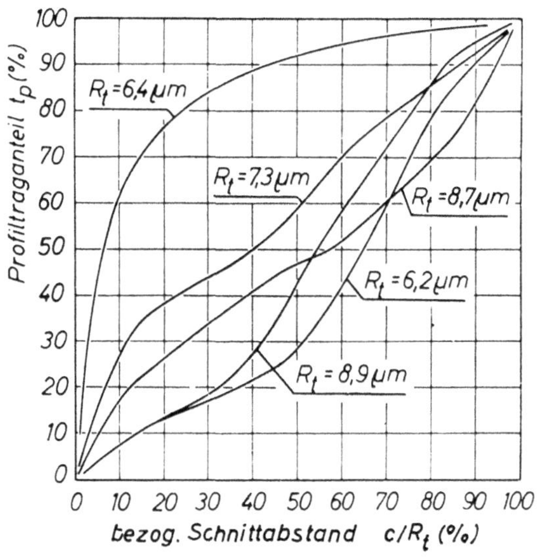

Abb. 29 Profiltraganteilkurven von verschiedenen Blechoberflächen mit annähernd gleicher Rauhtiefe, aber unterschiedlicher Rauheitsform

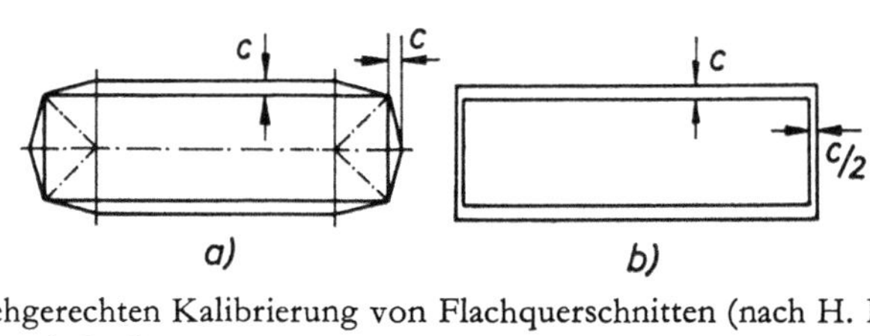

Abb. 30 Zur ziehgerechten Kalibrierung von Flachquerschnitten (nach H. Preussler [37])
a) theoretische Lösung
b) praktische Ausführung

in Abb. 31 aufgetragen. Die Abweichungen der R_t- und R_p/R_t-Werte nach oben und unten über der Stabbreite müssen wohl als natürliche Streuung angesehen werden. Ein Mattwerden der Breitseitenmitte konnte nicht beobachtet werden. Bildet man den Mittelwert der Rauhtiefen aus Stabober- und -unterseite sowie aus Längs- und Quermessung, so ergibt sich für die Breitseite des gezogenen Profils eine bezogene Rauheitsänderung von $\Delta R_t/R_{t0} = 65\%$ und für die Schmalseite eine von 64,3%. Die ungleiche Größe von Breit- und Schmalseite hatte also in diesem Fall keinen Einfluß auf die Rauheitsabnahme beim Ziehen.

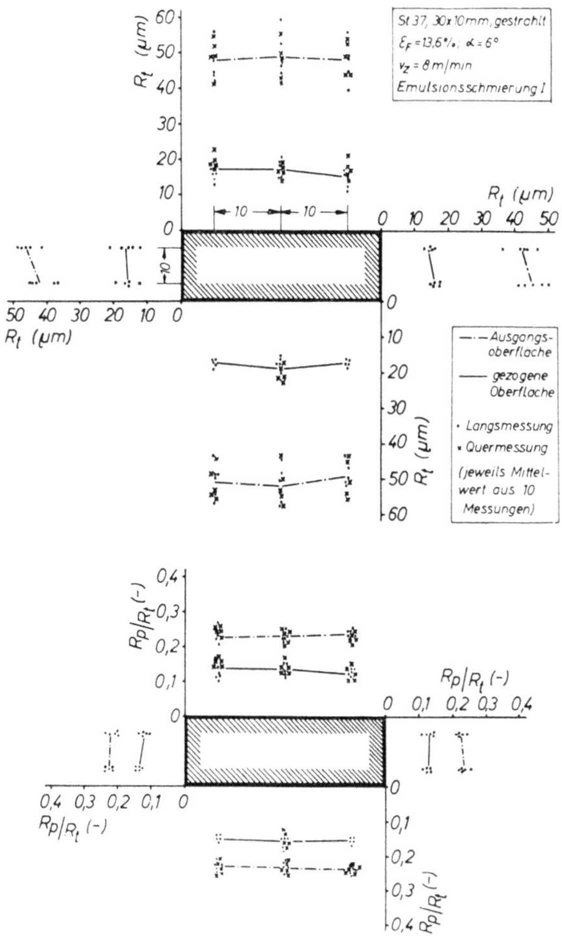

Abb. 31 Veränderung von Rauheitsgröße und Rauheitsform beim Ziehen eines Rechtkantstabes

5.1.2 Mehrfachzug

Der Mehrfachzug wird beim normalen Blankstahlziehen nicht angewandt; eine Ausnahme bildet das Ziehen von komplizierten Profilen. Trotzdem soll er in diese Untersuchungen miteinbezogen werden, um dabei grundsätzliche Fragen bezüglich der Rauheitsänderung zu klären. Ausgangspunkt für die Versuche ist die schon im Abschnitt 2.2.2 erwähnte Tatsache, daß die Oberfläche beim Ziehen in zwei Zügen glatter wird als bei gleicher Gesamtverformung in einem Zug [27]. Mit den eigenen Meßergebnissen aus Abb. 32 wird diese Feststellung bestätigt. Für das Stabziehen ergibt sich bei einer Gesamt-Querschnittsabnahme von 22,4% die geringste Rauheit beim Ziehen in vier Zügen. Auch bei einer Gesamtverformung von 10% ist die Oberfläche nach zwei Zügen stärker eingeebnet als nach einem Zug. Ein Parallelversuch beim Drahtziehen brachte das gleiche Ergebnis; allerdings ist hier die Streuung der Mittelwerte der einzelnen Drahtproben sehr groß. Als Oberflächen-Kennzahl ist mit Absicht nur die Rauhtiefe aufgetragen, weil die Glättungstiefe und der arithmetische Mittenrauhwert genau die gleiche Tendenz zeigten und somit in diesem Zusammenhang keine neuen Erkenntnisse liefern konnten.

Auch in bezug auf die Form der Oberflächenrauheit beim Mehrfachziehen lassen sich interessante Feststellungen treffen. In Abb. 33 sind für zwei verschiedene Werkstoffe mit unterschiedlichen Ausgangsabmessungen und Oberflächen-Vorbehandlungen die Werte für den Formfaktor δ und den Leeregrad λ wiedergegeben. In Übereinstimmung mit den Meßergebnissen beim Einfachzug steigt in beiden Fällen der Formfaktor im ersten Zug, während der Leeregrad abnimmt. Diese Zu- bzw. Abnahme kehrt sich aber im zweiten Zug überraschenderweise um, und im weiteren Zugverlauf wird der Ausgangswert zum Teil wieder erreicht. Wenn man nun bedenkt, daß ein hoher Formfaktor und ein kleiner Leeregrad einen Oberflächentyp mit tafelbergartigem Profil kennzeichnet und daß eine solche Oberfläche dem Betrachter als relativ glatt erscheint gegenüber einer anderen Oberfläche mit kleinem Formfaktor und großem Leeregrad, so führen die Ergebnisse der Abb. 33 zu der Schlußfolgerung, daß die Oberfläche zwar hinsichtlich der Rauheitsgröße mit steigender Zugzahl bzw. Verformung mehr und mehr eingeebnet wird, aber bezüglich der Rauheitsform nach dem ersten Zug wieder »aufrauht«. Die absoluten Änderungen der Profilform sind gering; doch scheint eine Zufälligkeit als Begründung für diesen Effekt ausgeschlossen, weil die gleiche Tatsache, unabhängig von den Ergebnissen aus Abb. 33 auch bei einer weiteren Versuchsreihe beobachtet wurde. Für gestrahlte Stäbe aus C 35 zeigt Abb. 34 die Profiltraganteilkurven des Ausgangszustandes sowie die des 1., 2. und 3. Zuges. Im unteren Teil des Diagramms sind die Werte für den Formfaktor δ eingetragen. Es geht daraus hervor, daß δ nach dem 1. Zug stark ansteigt und dann beim Weiterziehen abfällt.

O. Kienzle und K. Mietzner [1] haben in ihrer »Typologie umgeformter metallischer Oberflächen« behauptet, daß nur auf der Oberfläche von gezogenen Drähten die Rauheit in Umfangsrichtung größer ist als jene in Längsrichtung; die Abweichung zwischen beiden Rauheiten soll der Größe der Formänderung proportional sein. Die Ansicht von W. Lueg und U. Krause [2], daß auch beim Stabziehen eine Richtungsabhängigkeit der Rauheit eintritt, teilen sie nicht. Aus den in Abb. 35 dargestellten eigenen Versuchsergebnissen geht hervor, daß für die drei untersuchten Werkstoffe und Abmessungen die Oberfläche in Umfangsrichtung rauher ist. Dieser Unterschied ist jedoch in allen Fällen bereits im Ausgangszustand vorhanden. Die Rauheitsdifferenz läßt sich vom entzunderten Zustand über mehrere Verformungsstufen hinweg verfolgen. Man kann also weder beim Stab- noch beim Drahtziehen davon sprechen, daß die Umfangsrauheit *infolge der Ziehverformung* über der Längsrauheit liegt. Ein Zusammenhang zwischen der Größe der Formänderung und der Größe des Rauheitsunterschiedes ist auch nicht nachzuweisen. Auf eine Darstellung der R_p- und R_a-Werte wird hier wiederum verzichtet.

5.2 Einfluß der Ziehholgeometrie

Eine Ziehdüse ist im wesentlichen durch ihren engsten Durchmesser d_1, den Düsenneigungswinkel α und die an den Einlaufkegel sich anschließende zylindrische Führung

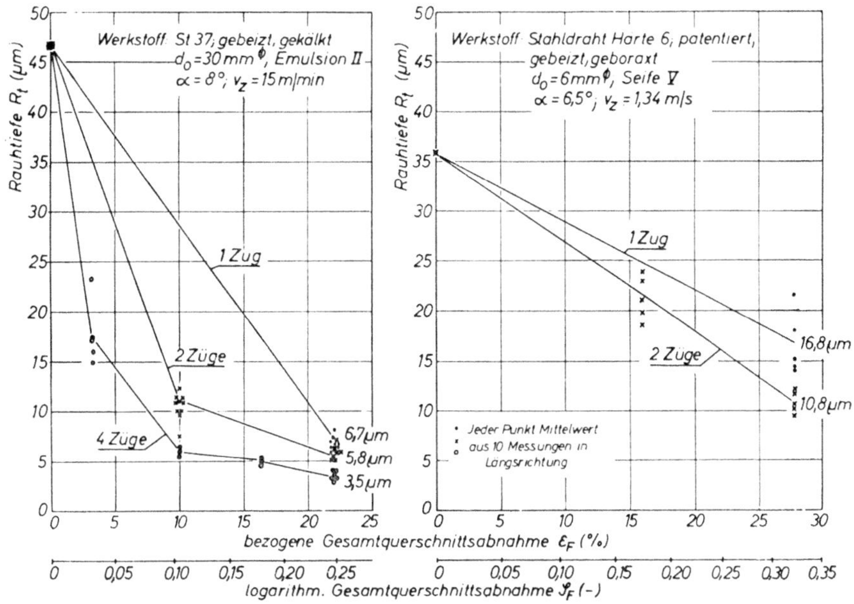

Abb. 32 Einfluß des Mehrfachziehens auf die Oberflächenrauheit von gezogenen Drähten und Stäben

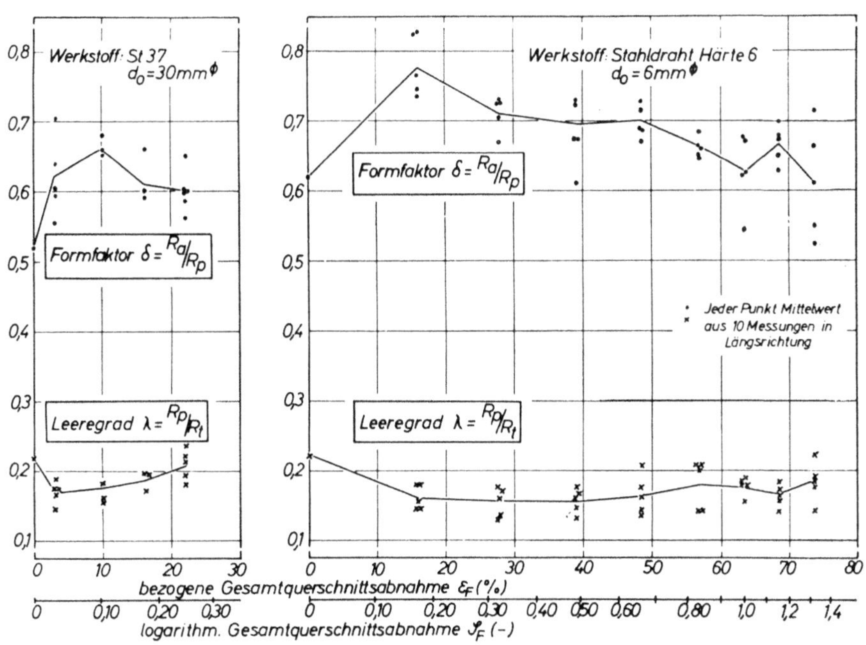

Abb. 33 Veränderung von Leeregrad und Formfaktor beim Mehrfachziehen von Drähten und Stäben

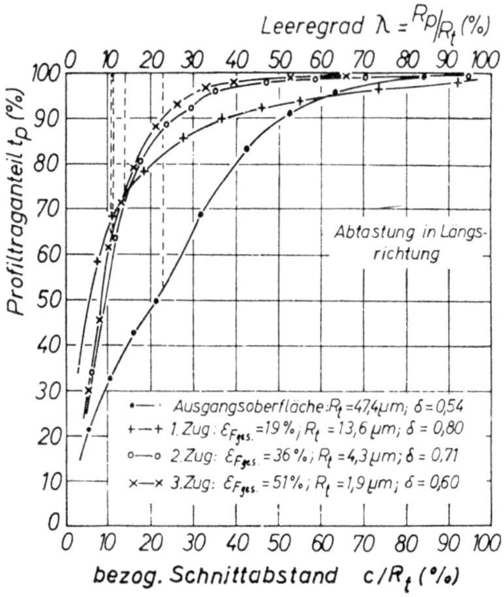

Abb. 34 Profiltraganteilkurve und Formfaktor von mehrfach gezogenen Stäben

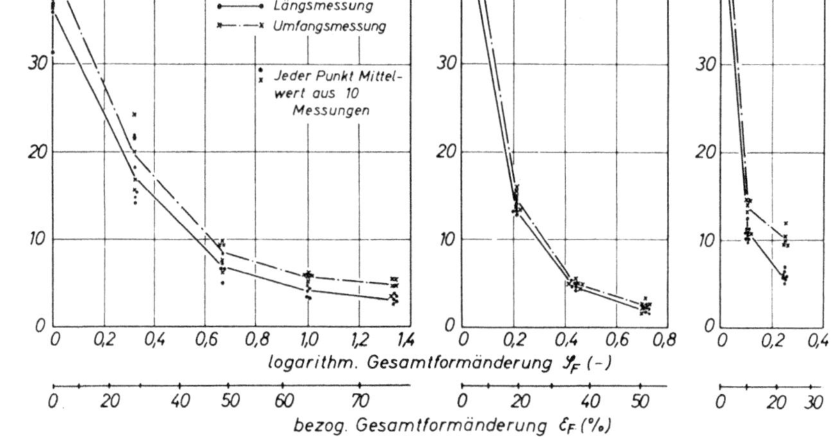

Abb. 35 Rauheitsunterschied zwischen Längs- und Umfangsrichtung von gezogenen Drähten und Stäben

z gekennzeichnet. Im allgemeinen ist der Übergang vom Einlaufkegel zum Zylinder durch einen Radius abgerundet. Zuweilen werden die Ziehdüsen auch mit einem trompetenförmigen Einlauf ausgerüstet, so daß man nicht mehr von einem definierten Neigungswinkel sprechen kann.

5.2.1 Ziehhol-Neigungswinkel

Über den Einfluß des Winkels α auf die Veränderung der Oberflächenrauheit beim Ziehen ist bisher noch nichts bekannt. Auch in der Veröffentlichung von K. MIETZNER [27] findet man keine Angaben darüber, mit welchen Düsenwinkeln die beschriebenen Ergebnisse erhalten wurden. Man kann annehmen, daß in den Betrieben der Neigungswinkel α zwischen 6 und 8° liegt. Bekanntlich existiert ja beim Ziehen für jede Formänderung ein bestimmter Winkel, für den die Summe der äußeren und inneren Formgebungsverluste ein Minimum wird. Die Berechnung dieses sogenannten optimalen Ziehwinkels ist nach verschiedenen Theorien möglich, und die in der Praxis verwirklichten Winkel entsprechen ungefähr den Berechnungen.
Im vorliegenden Fall sollte nun in sinnvollem Rahmen von den üblichen Werten nach oben und unten abgewichen werden, um bei sonst konstanten Ziehbedingungen (Abnahme, Ausgangsoberfläche, Enddurchmesser, Führungslänge, Schmierung und Ziehgeschwindigkeit) die Wirkung verschiedener Winkel zu erfassen. Als Versuchsmaterial standen gebeizte und gestrahlte Stäbe von etwa gleicher Stahlqualität zur Verfügung. Die Ziehwerkzeuge waren aus Werkzeugstahl B angefertigt und sind nach dem Härten verchromt worden. – Die Ergebnisse der Rauheitsmessungen sind in Abb. 36 dargestellt. Man ersieht daraus, daß die Oberfläche mit steigendem Düsenneigungswinkel α stärker eingeebnet wird. Der Verlauf der Kurven läßt vermuten, daß mit Winkeln über 14° keine nennenswerte Verbesserung der Glätte erreichbar ist. Der Rauheitsunterschied zwischen dem gebeizten und gestrahlten Ausgangszustand findet sich auf der gezogenen Oberfläche wieder. Die Verschiedenheit bezieht sich aber im wesentlichen auf die Größe der Rauheit. Die Rauhwert-Verhältnisse R_p/R_t und R_a/R_p streuen nur wenig (Abb. 37). Ein Einfluß des Winkels α auf den Leeregrad und Formfaktor ist nicht einwandfrei feststellbar; die Veränderung gegenüber dem Ausgangszustand ist in erster Linie auf die durchgeführte Formänderung zurückzuführen.

5.2.2 Zylindrische Führung

Der Sinn der zylindrischen Führung eines Ziehwerkzeuges besteht darin, die Maßhaltigkeit des Ziehgutes zu verbessern und bei Verschleiß der kegeligen Ziehfläche eine Nacharbeitung zu ermöglichen, ohne daß der Bohrungsdurchmesser d_1 verändert wird. Die Länge des zylindrischen Führungsteiles z steht in einem bestimmten Verhältnis zu seinem Durchmesser d_1. F. BOEHM [38] gibt die Beziehung an:

$$z = 0{,}05\text{–}0{,}25 \cdot d_1$$

Für die folgenden Untersuchungen wurden hartverchromte Ziehdüsen mit der Abstufung $z = 1$, 4, 8 und 12 mm bei konstantem Neigungswinkel $\alpha = 6°$ und Bohrungsdurchmesser $d_1 = 18$ mm verwendet. Wie aus Abb. 38 hervorgeht, ist ein Einfluß auf die Größe der Rauheit (R_t, R_p und R_a) nach dem Ziehen nicht erkennbar. Es fällt allerdings auf, daß die Glättungstiefe R_p bedeutend stärker abnimmt als die übrigen Maßzahlen. Auch die Rauhwert-Verhältnisse zeigen keine Abhängigkeit von der Länge der zylindrischen Führung (Abb. 39). Bemerkenswert ist die Bestätigung früherer Beobachtungen, daß der Formfaktor eine größere Streuung aufweist als der Leeregrad.

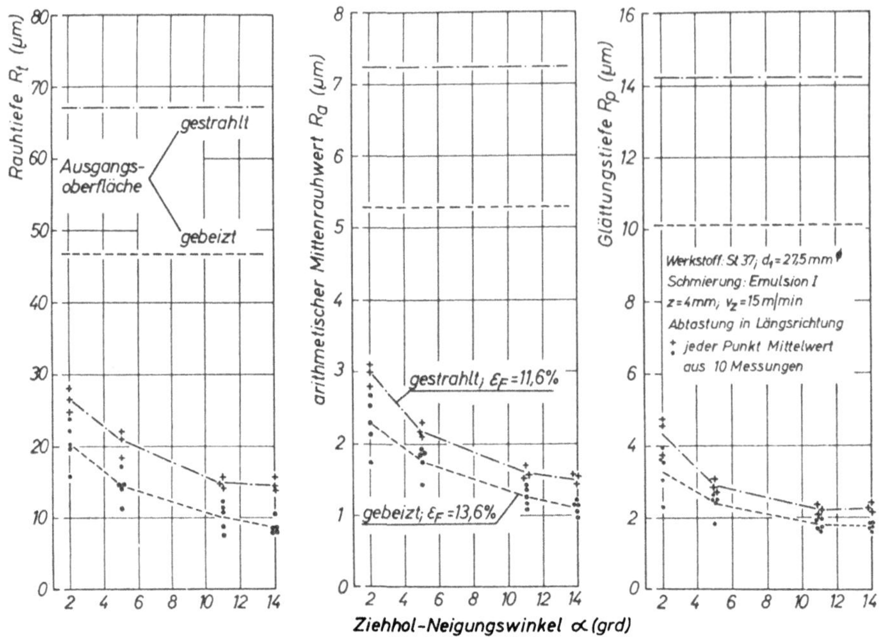

Abb. 36 Einfluß des Düsenneigungswinkels auf die Oberflächenrauheit beim Ziehen von gebeizten und gestrahlten Stäben

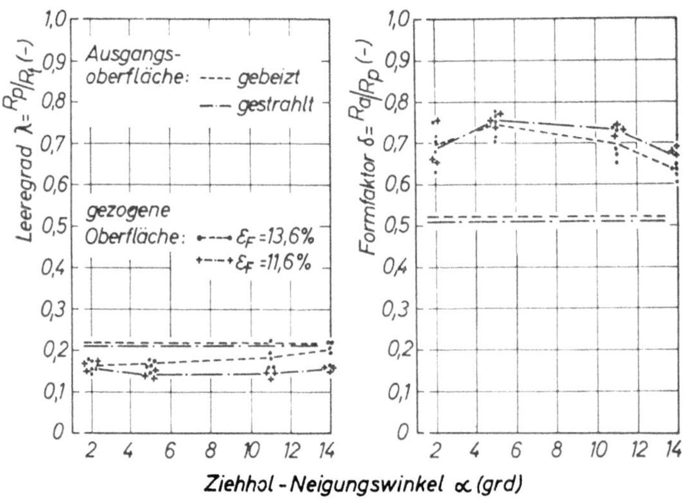

Abb. 37 Einfluß des Düsenneigungswinkels auf Leeregrad und Formfaktor beim Ziehen von gebeizten und gestrahlten Staboberflächen

5.3 Einfluß von Schmiermittel und Schmiermittelträger

Als Oberflächenvorbereitung für das Ziehen ist, neben der gründlichen Entfernung des Walzzunders, vor allem die Aufbringung eines geeigneten Schmiermittelträgers wichtig. Seine Aufgabe besteht ganz allgemein darin, in Verbindung mit einem Schmiermittel die Reibung zwischen Ziehgut und Ziehwerkzeug zu vermindern und somit größere Querschnittsabnahmen, höhere Ziehgeschwindigkeiten und geringeren Werkzeugver-

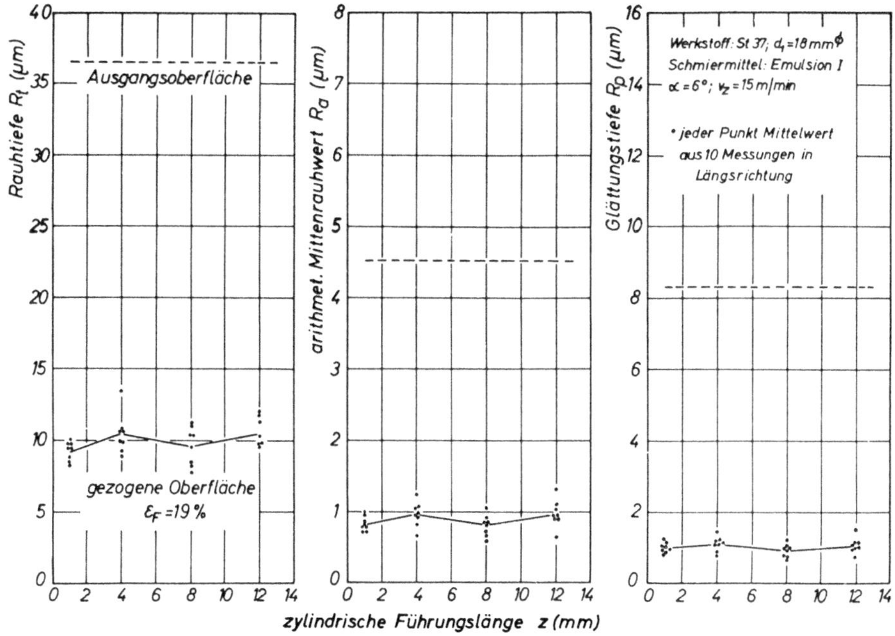

Abb. 38 Abhängigkeit der Rauheit von der zylindrischen Führungslänge

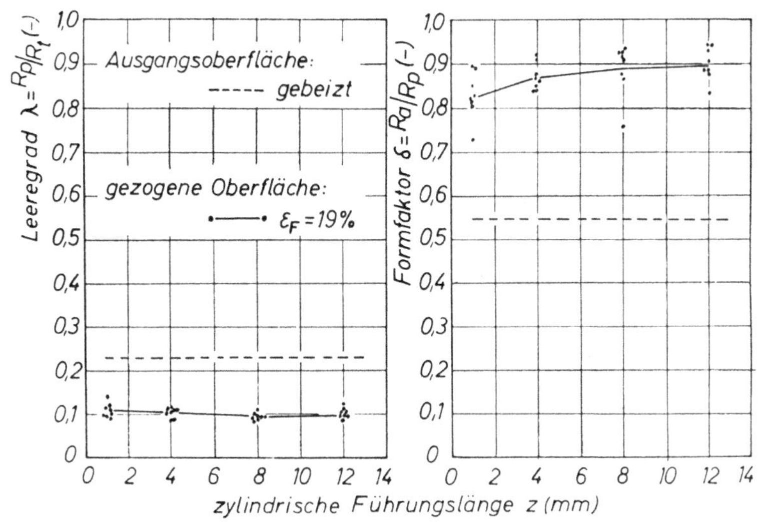

Abb. 39 Einfluß der zylindrischen Führungslänge auf Leeregrad und Formfaktor von gezogenen Staboberflächen

schleiß bei verbesserter Ziehgut-Oberfläche zu ermöglichen. Für die normalen Ziehanforderungen kommen zwei Verfahren in Frage: das Kälken und das Phosphatieren. Bei besonders schwierigen Verformungsvorgängen, wie z. B. beim Ziehen von hochlegierten CrNi-Stählen, wird das Ziehgut mit einem Oxalatüberzug versehen. Das Kälken hat sein Hauptanwendungsgebiet in den Drahtziehereien. Neben seiner Aufgabe als Schmiermittelträger soll der Kalk Säurerückstände auf der gebeizten Oberfläche neutralisieren. Der Kalküberzug muß gleichmäßig und nicht zu dick auf der Oberfläche

haften und darf nach dem Trocknen nicht abplatzen. Nach W. Papsdorf [39] ist der Kalk nicht nur Schmiermittelträger, sondern auch »Untergrundfüller«, um die im Vergleich zum glatten Ziehstein rauhe Ziehgutoberfläche aufzufüllen. Während beim Kälken mehr ein mechanisches Haften zwischen Kalk und Werkstoffoberfläche vorliegt, entsteht beim Phosphatieren durch die chemische Reaktion zwischen der Metalloberfläche und einer verdünnten Phosphorsäurelösung eine feste Verbindung von Ziehgut und Schmiermittelträger [40].
In dieser Versuchsreihe soll der Einfluß von vier verschiedenen Schmiermitteln auf die Oberflächenveränderung beim Ziehen gekälkter und phosphatierter Stäbe untersucht werden. Querschnittsabnahme, Ziehwinkel und Ziehgeschwindigkeit blieben bei allen Zügen konstant. Bei den Schmiermitteln handelt es sich ausschließlich um Ziehöle, die auch in der Praxis benutzt werden. Nähere Angaben sind in Tab. 2 zu finden.
Als Versuchswerkstoff war ein C-Stahl von 32 mm ⌀ vorgesehen. Leider bestand die ganze Lieferung aus zwei unterschiedlichen Chargen. Die Verschiedenheit machte sich auch in der Oberflächenrauheit bemerkbar. Die erste Lieferung (gekälkt) hatte eine Ausgangsrauhtiefe von etwa 56 μm, die zweite (phosphatiert) eine von 40 μm. Trotzdem lieferten die Versuche einige bemerkenswerte Ergebnisse. Aus Abb. 40 sind zunächst die drei Rauheitsmaßzahlen R_t, R_p, R_a für den Ausgangs- und den verformten Zustand sowie für die verschiedenen Schmiermittel bzw. Schmiermittelträger zu entnehmen. Wie ein Vergleich mit Abb. 41 zeigt, bezieht sich der Rauheitsunterschied im An-

Tab. 2 Zusammenstellung der verwendeten Schmiermittel

Schmiermittel Nr.	Schmiermittel Bezeichnung	Hauptkennwerte			
I	BP Olex DR 6014 (Emulsion 1:2)	Farbe (ASTM):	8	Viskosität (50° C):	ca. 114 c St
		Dichte (15° C):	1,027		ca. 15 E
		Flammpunkt	150° C	Almen-Wieland-Test:	
		Neutralisationszahl:	26 mg KOH/g Öl		ca. 1900 kp
II	BP ENERGREASE E 9804 (Emulsion 1:2)	Farbe:	weiß	Stabilität gegen Wärme:	kochfest
		Verseifungsart:	Natrium	Misch.-Verhältn.:	1:1 bis 1:70
		Struktur:	pastenartig	Sulfatasche:	7%
		Herbert-Test 1:10:	0/0		
		1:20:	0/0		
III	V Öl 1080 (pur)	kinematische Viskosität (50° C):			167 c St/22 E
		kinematische Viskosität (100° C):			21 c St/3 E
		Neutralisationszahl:			2,8 mg KOH/g Öl
		Verseifungszahl:			49 mg KOH/g Öl
		Fettstoffgehalt:			30 Gew.-%
IV	Shell Öl B 40 (pur)	kinematische Viskosität (50° C):			630 c St/83 E
		kinematische Viskosität (100° C):			47 c St/6,5 E
		Neutralisationszahl:			0,02 mg KOH/g Öl
		Verseifungszahl:			6,0 mg KOH/g Öl
		Fettstoffgehalt:			3 Gew.-%
V	Seife	handelsübliche Kernseife in nadeliger Form			
VI	Fett	konsistentes Ziehfett ohne besondere Angaben			

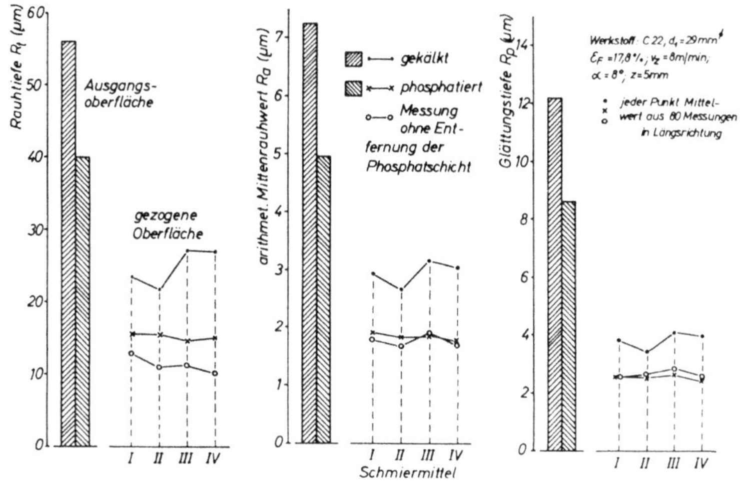

Abb. 40 Oberflächenrauheit beim Ziehen mit verschiedenen Schmiermitteln und Schmiermittelträgern

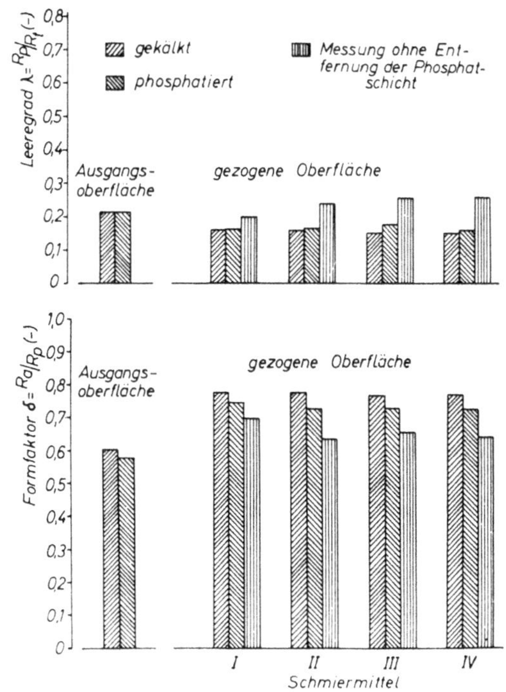

Abb. 41

Leeregrad und Formfaktor beim Stabziehen mit verschiedenen Schmiermitteln und Schmiermittelträgern

lieferungszustand zwischen gekälkten und phosphatierten Proben lediglich auf die Größe der Rauhwerte; die Profilform der Mikrooberfläche ist annähernd gleich. Für die Rauheitsmessung der phosphatierten Stäbe ist es nicht gleichgültig, ob auf der Phosphatschicht oder auf der gereinigten Oberfläche gemessen wird. Hierauf haben bereits O. Kienzle und K. Mietzner [26] beim Vermessen von phosphatierten Fließpreßteilen hingewiesen. Der Phosphatüberzug verdeckt einen Teil der Mikrorauheit, so daß sich nach seiner Entfernung die Oberfläche rauher zeigt, allerdings nur gekennzeichnet durch die Rauhtiefe R_t. Glättungstiefe und Mittenrauhwert können nach den vorliegenden Meßergebnissen als gleichbleibend angesehen werden. Natürlich ändern sich dadurch die Rauhwert-Verhältnisse beträchtlich.

Ein Einfluß der einzelnen Schmiermittel auf die Oberflächenrauheit nach dem Ziehen scheint nur bei den gekälkten Proben vorhanden zu sein. Es ergeben sich bei Verwendung der Emulsionen I und II kleinere Rauhwerte als bei den nicht emulgierbaren Ziehölen III und IV. Ein anschaulicher Vergleich aller Schmiermittel und Schmiermittelträger läßt sich durch die Berechnung der bezogenen Rauheitsänderungen anstellen (Abb. 42). Hier hebt sich jetzt der große Unterschied der Ausgangsrauhwerte nahezu auf, und man kann als Ergebnis dieser Versuchsreihe feststellen, daß für die beiden Emulsionen sowohl bei gekälkten als auch bei phosphatierten Proben die gleiche Rauheitsänderung zu erwarten ist, während bei Anwendung nicht emulgierbarer Ziehöle die Oberfläche der phosphatierten Stäbe stärker geglättet wird als die der gekälkten.

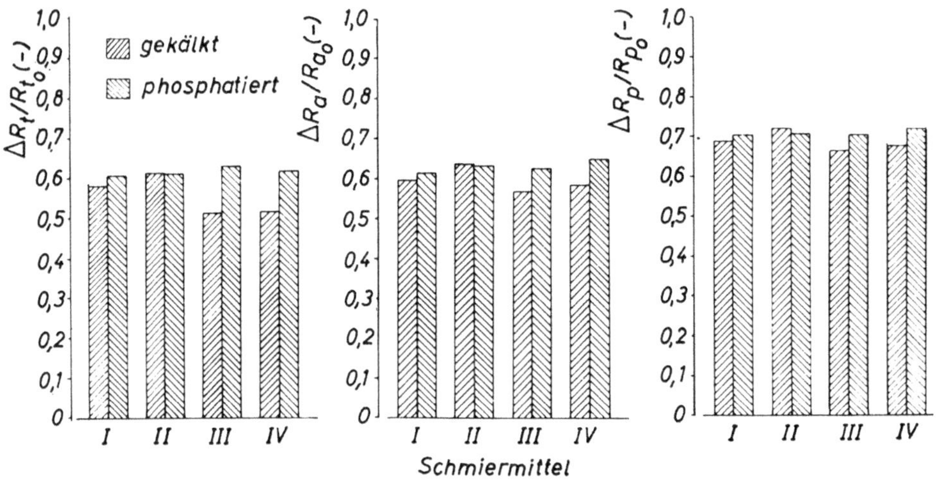

Abb. 42 Bezogene Rauheitsänderung beim Stabziehen mit verschiedenen Schmiermitteln und Schmiermittelträgern

5.4 Einfluß der Ziehgeschwindigkeit

Ein wesentlicher Unterschied zwischen dem Drahtziehen und dem Stabziehen besteht – abgesehen von den unterschiedlichen Abmessungen des Ziehgutes – in der Größe der Verformungsgeschwindigkeit. Während beim Drahtziehen heute Endgeschwindigkeiten über 10 m/s angestrebt werden, sind die modernen Stabziehbänke bis etwa 1 m/s ausgelegt. Die tatsächlich im Betrieb verwirklichte Ziehgeschwindigkeit richtet sich stark nach der Form und Abmessung des Stabquerschnittes. Für die am häufigsten vorkommenden Rundquerschnitte von 20 bis 30 mm ⌀ liegt die Ziehgeschwindigkeit bei 40–50 m/min. Je komplizierter die Querschnittsform ist, um so langsamer wird gezogen. Für einen Flachstahl mit sehr großem Breiten–Höhen-Verhältnis kann man etwa eine Ziehgeschwindigkeit von 5 m/min annehmen. Ebenso wie beim Drahtziehen spielt natürlich auch beim Stabziehen die Art des Werkstoffes eine Rolle. Hochgekohlte und legierte Stähle werden langsamer gezogen als weiche und unlegierte Werkstoffe.
Zur Feststellung des Einflusses der Ziehgeschwindigkeit auf die Oberflächengüte des Ziehgutes wurde ein Stahl mit 0,34% C ausgewählt. Die Walzoberfläche ist durch Strahlen entzundert worden. Zum Ziehen stand ein Hartmetallwerkzeug mit einem Düsenneigungswinkel von 8° zur Verfügung. Gezogen wurde in allen Fällen von 20 auf 18 mm ⌀, was einer Querschnittsabnahme von 19% entspricht.
Das Schmiermittel bestand aus emulgiertem Ziehöl. Auf einen Schmiermittelträger wurde absichtlich verzichtet, um einen eventuellen Einfluß der Ziehgeschwindigkeit auf

die Oberflächenrauheit der gezogenen Stäbe um so deutlicher ermitteln zu können. Die Probenentnahme für die Rauheitsmessung geschah jeweils am Stabende, da hier mit Sicherheit die eingestellte Geschwindigkeit erreicht war und sich ein konstanter Schmierungszustand im Ziehhol ausgebildet hatte.

Die Ergebnisse der Oberflächenmessung sind in Abb. 43 zusammengestellt. Danach scheint für die drei Kenngrößen R_t, R_p und R_a keine klare Abhängigkeit von der Ziehgeschwindigkeit zu bestehen. Es ist zwar ein leichter Anstieg der Rauheit mit wachsender Geschwindigkeit zu beobachten, doch dürfte der geringe Unterschied für die drei untersuchten Werte $v_z = 5$, 20 und 35 m/min vernachlässigbar klein sein, so daß von

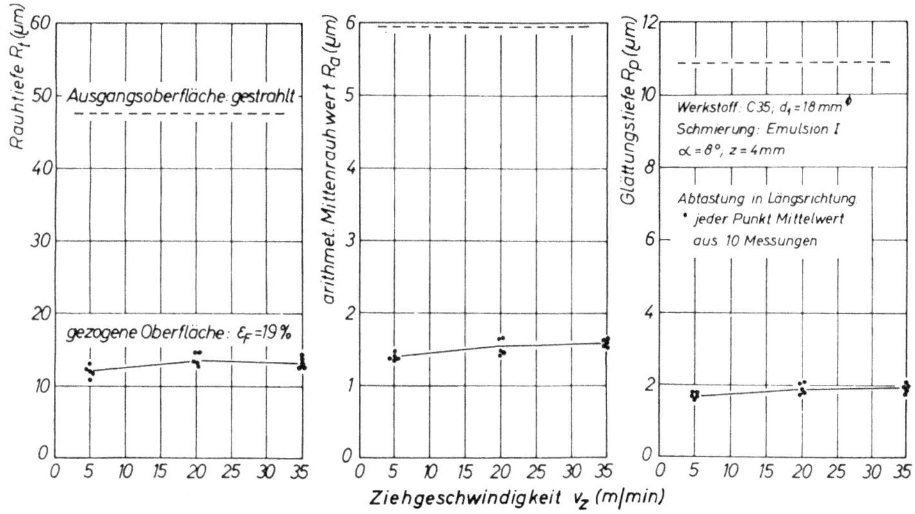

Abb. 43 Einfluß der Ziehgeschwindigkeit auf die Oberflächenrauheit von gezogenen Stäben

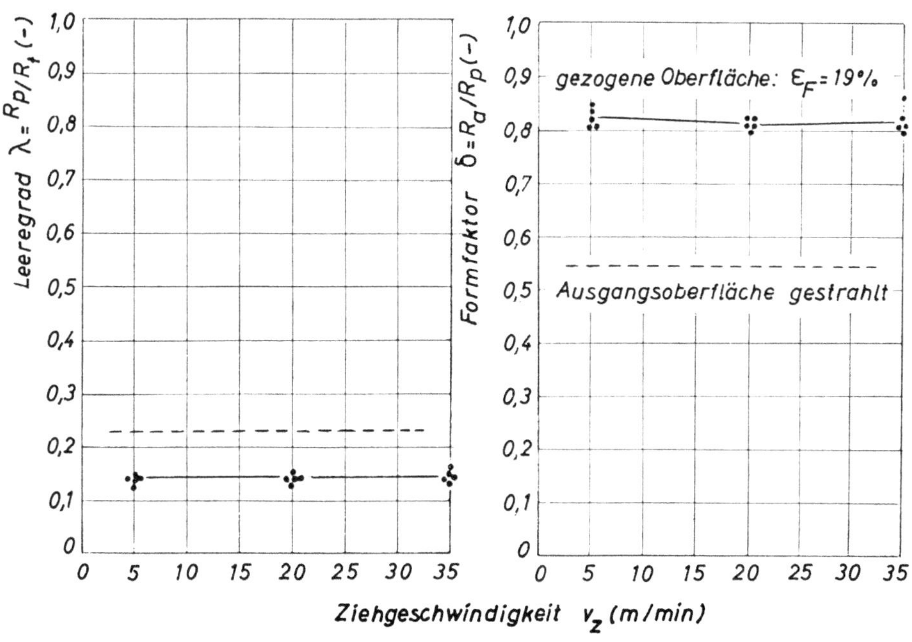

Abb. 44 Einfluß der Ziehgeschwindigkeit auf Leeregrad und Formfaktor von gezogenen Staboberflächen

einem Einfluß der Verformungsgeschwindigkeit auf die Rauheit der gezogenen Staboberfläche im üblichen unteren und mittleren Geschwindigkeitsbereich nicht gesprochen werden kann. Eine Auswertung der R_p/R_t- und R_a/R_p-Verhältnisse bestätigte dieses Ergebnis. Die Form des Rauheitsprofils ändert sich nicht mit der Größe der Geschwindigkeit, sondern nur mit der Größe der Verformung (Abb. 44). Die Resultate der Abb. 43 und 44 gelten natürlich ausschließlich für das bei dieser Untersuchung verwendete Schmiermittel. Es ist sehr gut möglich, daß eine Abhängigkeit der Oberflächenrauheit letztlich auf die Schmierungsverhältnisse und nur sekundär auf die Geschwindigkeit zurückgeführt werden muß.

6. Diskussion und Erklärung der Versuchsergebnisse

Das Ziel des vorigen Abschnittes bestand darin, den Einfluß der verschiedenen Verformungsbedingungen auf die Veränderung der Oberflächenrauheit beim Draht- und Stabziehen darzustellen. Es wurde mehrfach hervorgehoben, daß zwischen der Veränderung der *Rauheitsgröße* und der *Rauheitsform* streng unterschieden werden muß. Bisher war diese Tatsache in der Oberflächenmeßtechnik nur selten oder unvollkommen berücksichtigt worden. Statt dessen finden sich bei der Beschreibung technischer Oberflächen immer wieder die allgemeinen Bezeichnungen »rauh« und »glatt«. Schon zu Anfang dieser Arbeit wurde diese Art der Oberflächenkennzeichnung abgelehnt. Dagegen kann zur Beschreibung eines relativen Unterschiedes zwischen zwei gegebenen Oberflächen die Ausdrucksweise »rauher« oder »glatter« durchaus angewendet werden. Damit ist natürlich nur qualitativ eine Verschiedenheit ausgesprochen, aber zur überschlägigen Kennzeichnung eines bestimmten Einflusses ist die Angabe »rauher« oder »glatter« bereits eine wesentliche Feststellung.

Betrachtet man unter diesem Gesichtspunkt die Ergebnisse der beschriebenen Ziehversuche, so kann zusammenfassend gesagt werden: Mit steigender Querschnittsabnahme beim Ziehen wird die Oberfläche glatter, sofern einwandfreie Werkzeuge vorliegen. Allerdings läßt sich eine noch stärkere Glättung erzielen, wenn eine gegebene Formänderung in zwei oder mehr Einzelverformungen aufgeteilt wird. Bezüglich der Werkzeugform wird die Oberfläche nach dem Ziehen um so glatter, je größer der Düsenneigungswinkel ist. Die Variation der zylindrischen Führungslänge und der Ziehgeschwindigkeit bringt keinen eindeutig meßbaren Einfluß auf die Größe der erreichbaren Rauheit. Bei den verschiedenen Schmiermitteln und Schmiermittelträgern ergab sich für die reinen Ziehöle III und IV in Verbindung mit gekälkten Oberflächen eine größere Endrauheit als beim Ziehen mit Phosphatüberzug.

In allen Veröffentlichungen, die sich mit der umgeformten Oberfläche befassen, sind bisher nur reine Rauheitsmeßdaten angegeben worden. Eine durch theoretische Überlegungen und Berechnungen begründete Erklärung der beobachteten Oberflächenveränderungen ist in keinem Fall durchgeführt worden. Es wird daher in den folgenden Ausführungen besonderer Wert darauf gelegt, eine befriedigende Deutung der hier gefundenen Ergebnisse zu liefern. In erster Linie sollen die bei einem Ziehvorgang auftretenden Formänderungen und Spannungen betrachtet werden. Wie schon im Abschnitt 2.2.1 erwähnt, sind die zwischen Werkzeug und Umformgut wirkende Druckspannung und Relativbewegung maßgebend für die Veränderung der Mikrooberfläche.

Zur Bestimmung des Druckes im Ziehwerkzeug ist bei allen Versuchen die Ziehkraft gemessen worden. Auf diese Weise soll auch versucht werden, Rückschlüsse auf den Einfluß der Oberfläche auf den Umformvorgang zu ziehen, da die Frage der Wechselwirkung zwischen beiden Faktoren durch die Messung von Rauheitskennzahlen allein nicht erfaßt werden kann.

6.1 Formänderung und Oberflächenvergrößerung

Die beim Ziehen durchgeführte Verformung des Ziehgutes kann als Durchmesser-, Radius-, Umfangs- und Querschnittsabnahme oder aber auch als Längenzunahme ausgedrückt werden. Von praktischer Bedeutung (z. B. für den Kraftbedarf) ist jedoch von den möglichen Formänderungen nur die in der betrachteten Verformungsstufe größte auftretende Formänderung (Hauptformänderung). Für einen Ziehvorgang ergibt sie sich bei Verwendung der logarithmischen Schreibweise als logarithmische Querschnittsformänderung

$$\varphi_F = -\ln F_0/F_1$$

bzw., wegen des völligen Formzwanges in der Ziehdüse und wegen der Volumenkonstanz, als logarithmische Längenformänderung

$$\varphi_l = \ln l_1/l_0 .$$

Bei rotationssymmetrischen Ziehquerschnitten gilt außerdem, daß der Werkstoff aus radialer und tangentialer Richtung zu gleichen Teilen in die Länge abfließt:

$$\begin{array}{lcl} \varphi_r = -0{,}5 \cdot \varphi_l & & \varphi_r = \ln r_1/r_0 \\ \underline{\varphi_t = -0{,}5 \cdot \varphi_l} & \text{wobei:} & \varphi_t = \ln d_1/d_0 \\ \varphi_r + \varphi_t + \varphi_l = 0, & & \varphi_l = \ln l_1/l_0 \end{array}$$

Ein ursprünglich quadratisches Oberflächenelement auf einer Staboberfläche erfährt also durch das Ziehen in tangentialer Richtung eine Stauchung φ_t und in Längsrichtung eine Streckung φ_l, wobei $\varphi_t = -0{,}5 \cdot \varphi_l$ ist. Da nun jeder Körper eine um so größere Oberfläche besitzt, je weiter sich seine Gestalt von der einer Kugel entfernt, wird auch beim Ziehen eine Vergrößerung der Oberfläche eintreten. Für den Fall, daß ein Rundstab vom Ausgangsquerschnitt F_0 um eine bestimmte Querschnittsabnahme ε_F auf den Endquerschnitt F_1 gezogen wird, besteht zwischen der bezogenen Oberflächenvergrößerung $\varepsilon_{\text{Obfl}}$ und der bezogenen Verformung ε_F die Beziehung

$$\varepsilon_{\text{Obfl}} = \frac{1 - \sqrt{1 - \varepsilon_F}}{\sqrt{1 - \varepsilon_F}} .$$

Es ist hier absichtlich die bezogene Formänderung ε_F gewählt worden, weil mit dieser Größe vielfach in den Betrieben gerechnet wird und der Zusammenhang mit der Oberflächenvergrößerung einfacher darzustellen ist. Aus Abb. 45 ist zu ersehen, daß für die in der Praxis üblichen ε_F-Werte die Oberflächenzunahme etwa 5–12% beträgt. Dagegen würde sich beim Drahtziehen die Oberfläche am Ende einer Ziehfolge mit einer Gesamtquerschnittsabnahme von 90% um mehr als 200% vergrößert haben. Diese Überlegungen gelten im strengen Sinne nur für eine ideal-glatte Oberfläche, d. h. $R_t = 0$. In Wirklichkeit muß aber die technische Oberfläche als ein mehr oder weniger stark zerklüftetes, räumliches Gebilde angesehen werden, das durch die Aufzeichnung von Rauheitsprofilen in Längs- und Querrichtung anschaulich wiedergegeben werden kann; die tatsächlich vorhandene Oberfläche ist dabei größer als die theoretisch berechnete.

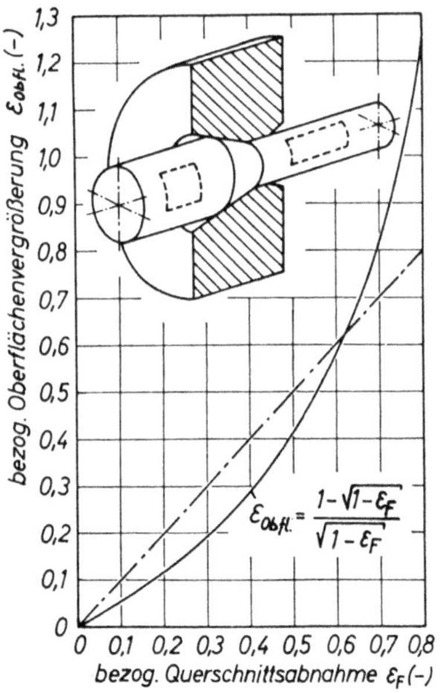

Abb. 45 Zusammenhang zwischen Oberflächenvergrößerung und Querschnittsabnahme beim Ziehen

In Zusammenarbeit mit Herrn Dipl.-Ing. W. Heller wurden u. a. Überlegungen angestellt und Vorarbeiten durchgeführt, mit Hilfe von Modelloberflächen bzw. Ersatzprofilen eine grundsätzliche Klärung der Frage der Oberflächeneinebnung bei Umformvorgängen herbeizuführen. Diese Arbeiten, deren Aufgabenstellung im folgenden zum Teil bereits angedeutet wird, werden zur Zeit im Institut für Bildsame Formgebung der TH Aachen weitergeführt. Beispielsweise kann für die Erklärung der Einebnungsvorgänge, wie sie beim Ziehen durch eine Düse eintreten, speziell von einem Oberflächentyp ausgegangen werden, der aus flachen, regelmäßigen Pyramiden aufgebaut ist und somit in Längs- und Querrichtung die gleiche Rauhtiefe R_t sowie die gleiche Neigung der Pyramidenflanken besitzt (Abb. 46a). Wird ein zylindrischer Körper mit einer derartigen Oberflächenbeschaffenheit durch einen Ziehvorgang verformt, so tritt nicht nur die beschriebene Oberflächenvergrößerung der theoretischen Ausgangsoberfläche ein, sondern es wird zusätzlich in Ziehrichtung eine Verringerung und in tangentialer Richtung eine Zunahme der Rauheitsprofilhöhe erfolgen, wobei die letztere im Verhältnis gesehen die kleinere Rauhtiefenänderung ist, weil φ_t nur die Hälfte von φ_1 ausmacht (Abb. 46b). Insgesamt findet also eine Einebnung der Mikrooberfläche statt, die bei bekannter Streckung bzw. Stauchung aus den geometrischen Verhältnissen zu errechnen ist.

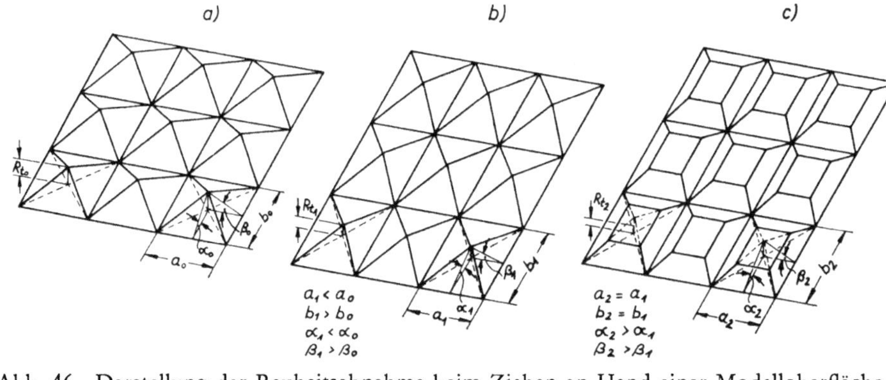

Abb. 46 Darstellung der Rauheitsabnahme beim Ziehen an Hand einer Modelloberfläche

Zusätzlich zu dieser Rauheitsänderung durch Oberflächenvergrößerung muß aber berücksichtigt werden, daß die Berührung der Staboberfläche mit der Ziehdüsenwand unter hohem Druck stattfindet. Im Fall der Mikrooberfläche nach Abb. 46a wird sich je nach Größe der Flächenpressung im Ziehwerkzeug jede Pyramide so weit abplatten und verfestigen, bis sich eine genügend große tragende Fläche gebildet hat, und die Plastifizierung tiefer gelegener Werkstoffbereiche erfolgen kann (Abb. 46c). Es ergibt sich ein plateau-ähnliches Oberflächenprofil, bestehend aus Pyramidenstümpfen, deren Flankenneigung aus Gründen der Volumenkonstanz steiler sein muß als die der Abb. 46b.

Nach diesen Ausführungen können die Ergebnisse der Abb. 17 so interpretiert werden, daß beim Ziehen die Rauheitsabnahme auf ein Zusammenwirken von Oberflächenvergrößerung und Abplattung der einzelnen Rauheitsspitzen zurückzuführen ist. Bei sehr kleinen Formänderungen dürfte die Einebnung ausschließlich durch plastische Druckverformung des Rauheitsprofils geschehen; bei großen Querschnittsabnahmen kann nach Abb. 45 die Vergrößerung des an der Umformung beteiligten Oberflächenbereiches eine bedeutende Rolle spielen. Die Größe des in jedem Falle wirkenden Werkzeugdruckes ist vorläufig unbekannt; es ist aber zu erwarten, daß zwischen dem typischen Verlauf der Kurven R_t, R_p, $R_a = f(\varepsilon_F)$ und der jeweiligen Flächenpressung im Ziehhol ein Zusammenhang besteht.

Neben der grundsätzlichen Aussage ergeben sich bei der Diskussion über das Verhalten einer Modelloberfläche gemäß Abb. 46 noch viele offene Fragen, die sich in gleicher Weise auch bei der Verformung technischer Oberflächen stellen. Wie wirkt sich z. B. die Neigung einer Ziehdüsenwand und die Reibung zwischen Werkzeug und Ziehgut auf die Veränderung des Rauheitsprofils aus? Handelt es sich tatsächlich um eine Abplattung der einzelnen Rauheitsspitzen, oder geschieht vielleicht ein Umbiegen entgegengesetzt zur Ziehrichtung? Gerade die letztere Fragestellung kann durch eine Perth-O-Meter-Aufzeichnung nicht beantwortet werden, weil die Tastnadel des Meßkopfes die Unterschneidungen einer umgelegten Spitze nicht erfaßt. W. Lueg und U. Krause [24] geben in einer der ersten Veröffentlichungen über umgeformte Oberflächen an, daß auf einem gezogenen Material in Umfangsrichtung Unterschneidungen vorkommen können. Sie belegen diese Behauptung mit Querschliffen durch die Oberflächenzone. In eigenen Untersuchungen konnte diese Beobachtung weder bestätigt noch widerlegt werden, da die einwandfreie Herstellung derartiger Schliffbilder trotz sorgfältigen Einbettens und Schleifens der Proben sehr schwierig ist. Auch die Frage der Abplattung der Rauheitsspitzen wäre in dem Moment durch einen Perth-O-Meter-Schrieb nicht mehr sicher zu klären, wo infolge von Breitung bzw. Ausbauchung zwischen zwei gestauchten Profilspitzen ein schmaler Schlitz entsteht, so daß die mit einem bestimmten Kegelwinkel versehene Tastspitze nicht mehr bis in den Talgrund absinken kann. Ob es überhaupt zu einer solchen Schlitz- oder Kerbbildung kommt, ist noch nicht bekannt. O. Kienzle und R. Meier [41] vertreten die interessante Auffassung, daß beim Stauchen bzw. Flachprägen in den Stauzonen der Werkstoff an den Profilspitzen wegen der Haftung am Werkzeug nicht abfließen kann und deshalb ein Anheben des Profiltales einsetzt. Unter Berücksichtigung der mikroskopischen Dimensionen einer geprägten Oberfläche und wegen des fehlenden festen Bezugspunktes, auf den eine Abplattung der Spitze oder ein Anheben des Talgrundes bezogen werden könnten, dürfte diese Hypothese meßtechnisch sehr schwer zu beweisen sein.

Der Versuch, die Veränderung von Härteeindrücken auf einer gezogenen Staboberfläche als Grundlage für eine Beurteilung der Vorgänge bei der Umformung technischer Oberflächen zu benutzen, hat keinen überzeugenden Erfolg gebracht (Abb. 47). Die Streckung der Härteeindrücke bzw. der Abstände zwischen zwei Eindrücken in Ziehrichtung und die entsprechenden Verkürzungen in Umfangsrichtung können zwar mit

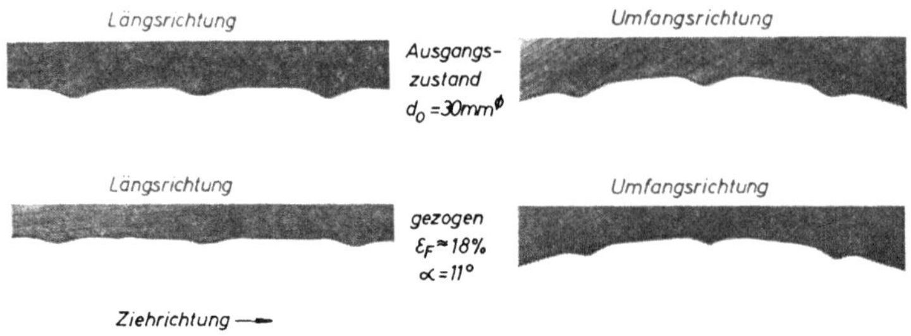

Abb. 47 Veränderung von Härteeindrücken auf der Oberfläche beim Ziehen

diesem Verfahren nachgewiesen werden, doch reicht die Genauigkeit der Eindruckmethode und der fotografischen Wiedergabe nicht aus, um die theoretischen Überlegungen bezüglich der Modelloberfläche nach Abb. 46 in quantitativer Hinsicht zu bestätigen.

Bei der Perth-O-Meter-Aufzeichnung eines gestrahlten oder gebeizten Oberflächenprofils beträgt die Überhöhung des Schriebes im allgemeinen 25:1 oder 10:1. Die starke Verzerrung der horizontalen Ausdehnung gegenüber der vertikalen verleitet oft zu der Meinung, daß die Oberfläche in regelloser Reihenfolge aus langen, zackigen Spitzen und tiefen, engen Tälern gebildet wird. Wenn dies wirklich so wäre, könnte ein Umbiegen der Spitzen und ein Schließen der Täler bei Werkzeugberührung unter hohem Druck leicht erfolgen. Im Abschnitt 2.1 wurde aber schon gezeigt, daß bei einer verzerrungsfreien Aufzeichnung der wahre Charakter der Oberfläche eher als sanft wellig gekennzeichnet werden muß (Abb. 1). Es ist erstaunlich, wie selten von der Möglichkeit dieser Profilaufschreibung und der entsprechenden Auswertung Gebrauch gemacht wird, denn die Durchführung mit dem handelsüblichen Schreiber »Perth-O-Graph« bereitet keine Schwierigkeiten. Unangenehm ist lediglich der hohe Schreibpapierverbrauch und die umständliche Handhabung der langen Schriebe. Bei einer theoretischen Tastweglänge von 5 mm und einer effektiven von 3,5 mm wird der entzerrte Profilschrieb 3,5 m lang, wenn der Maßstabsfaktor 10 mm = 10 μm beträgt.

Die folgenden Auswertungen einiger entzerrter Oberflächenschriebe sollen ein genaueres Bild von der tatsächlichen Form des Rauheitsprofils vermitteln. Vor allem wird erstmals der von H. Mühlenweg [33] eingeführte Begriff des *Böschungswinkels* β verwendet. Nach Abb. 10 ist darunter der Neigungswinkel der Rauheitsböschung gegenüber der Horizontalen zu verstehen. Gesicherte Werte über seine Größe bei unverformten und verformten Oberflächen fehlen in der Literatur gänzlich. Der Grund liegt wahrscheinlich in dem erheblichen Zeitaufwand, der mit der Ermittlung von β verbunden ist. Bei der sich ständig verändernden Neigung des Rauheitsprofils innerhalb der Rauheitsbezugsstrecke scheint auch die Angabe eines einzigen Böschungswinkels nicht gerechtfertigt. Vielmehr muß β in verschiedenen Abständen vom Bezugsprofil gemessen werden. Daher wird folgendes Meßverfahren angewendet:

Vom höchsten Punkt eines 3,5 m langen, entzerrten Profilschriebes ausgehend werden im Abstand c vom Bezugsprofil parallele Linien durch das Profil gezogen, deren Abstand untereinander 2 μm beträgt. Überall dort, wo eine Linie das Rauheitsprofil schneidet, wird der Neigungswinkel des Profils gegenüber der Horizontalen bestimmt. Abb. 48a zeigt im oberen Teil einen normalen Schrieb (Überhöhung 25:1), der in Längsrichtung eines warm gewalzten und durch Beizen entzunderten Stabes aufgenommen wurde. Der untere Bildteil zeigt den verzerrungsfreien Ausschnitt »x« von 0,14 mm Länge. Als Beispiel für den Gang der Auswertung ist an einer Stelle im Abstand c_i vom

Bezugsprofil eine Schnittlinie mit dem zugehörigen Böschungswinkel β_i eingezeichnet worden. Durch Aufsummierung aller Winkel, die in einem bestimmten Schnittabstand ermittelt wurden, und anschließende Division durch die Anzahl der Messungen erhält man die mittlere Neigung des ganzen Rauheitsprofils für den betrachteten Abstand c. Entsprechend dem statistischen Charakter des Oberflächenprofils kann es natürlich vorkommen, daß eine Schnittlinie genau durch den tiefsten Punkt eines Rauheitstales läuft, so daß sich der Neigungswinkel zwischen Rauheitsprofil und Schnittlinie zu Null ergibt. Bei der Summierung der Meßwerte wurden diese Null-Winkel immer mitberücksichtigt, weil sie ein wesentlicher Bestandteil des wahren Oberflächenzustandes sind.
Trägt man alle mittleren Böschungswinkel in Abhängigkeit vom Schnittabstand c, in dem sie gemessen wurden, auf, so erhält man die in Abb. 48b dargestellten Linienzüge (Bildmitte). Für das Beispiel der gebeizten Oberfläche von Walzstäben beträgt also die mittlere Neigung der ganzen Rauheitsböschung zwischen Bezugs- und Grundprofil etwa 15°. Der zickzackartige Verlauf der Linien ist durch die Art der Ermittlung bedingt. Im oberen Bildteil ist zusätzlich die Häufigkeit der Meßwerte angegeben; danach findet man die meisten Schnittpunkte mit dem Ist-Profil zwischen 10 und 20 μm Schnittabstand bei einer Rauhtiefe von 30 bis 34 μm.
Wenn nun bei gegebener Rauhtiefe für jeden Schnittabstand c der Neigungswinkel der Rauheitsböschung bekannt ist, läßt sich daraus ein idealisiertes, verzerrungsfreies Oberflächenprofil konstruieren, das aus beliebig vielen, gleichartigen Rauhbergen gemäß der Darstellung im unteren Teil der Abb. 48b zusammengesetzt sein kann. Dieses Vorgehen mag auf den ersten Blick willkürlich erscheinen, da es mit der Wirklichkeit technischer Oberflächen nicht übereinstimmt. Statistisch gesehen entspricht aber diese Konstruktion eines idealisierten Rauhberges der tatsächlichen Oberflächengestalt und hat gegenüber normalen Profilschrieben den bedeutenden Vorteil der Anschaulichkeit. Wenn es gelingen sollte, das Auswerteverfahren wesentlich zu vereinfachen, darf man sich für die Zukunft durch Großzahluntersuchungen neue Erkenntnisse über den wahren Aufbau der Mikrooberfläche erhoffen.
Mit der verzerrungsfreien Aufzeichnung eines Oberflächenprofils ist auch die Möglichkeit gegeben, die wirkliche Länge des Profilschriebes zu ermitteln. Eine entsprechende Ausmessung mit einem Stechzirkel ergab für die strahlentzunderte Oberfläche das überraschende Ergebnis, daß die *wahre Profillänge* im Mittel nur um 2,4% größer ist als die theoretische Rauheitsbezugsstrecke von 3,5 Metern.

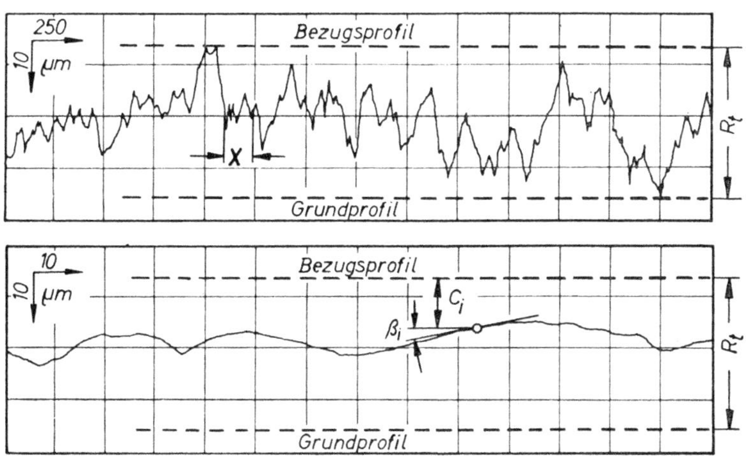

Abb. 48a Zur Ermittlung des Böschungswinkels bei verschiedenen Schnittabständen

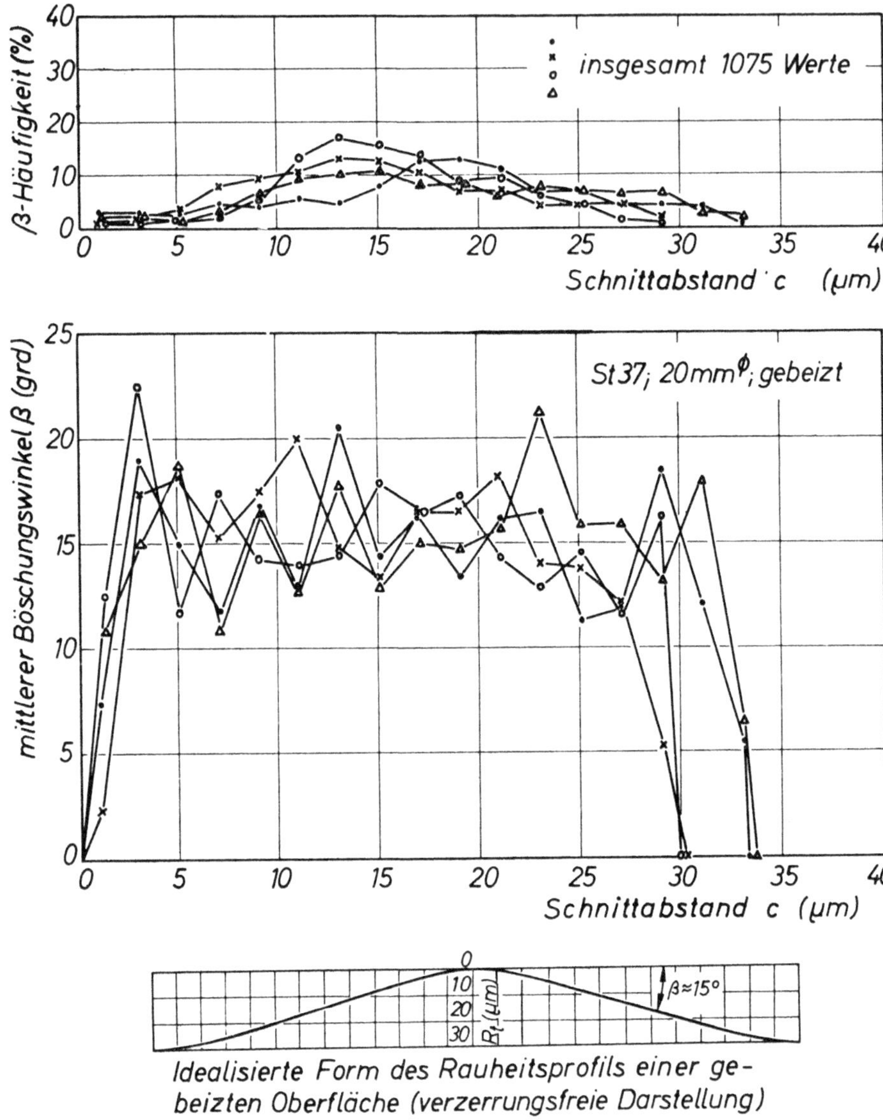

Abb. 48b Böschungswinkel und idealisiertes Rauheitsprofil einer gebeizten Staboberfläche

Nach diesen Ausführungen dürfte die Frage nach der Art der Verformung einer Rauheitsspitze, die einen Kegelwinkel von $180° - 2\beta = 150°$ besitzt, so zu beantworten sein, daß selbst beim Ziehen mit steilen Düsen keine Umbiegung, sondern nur eine Abplattung erfolgen kann. Dabei entsteht eine leichte Zunahme der Flankenneigung in Umfangsrichtung des Ziehgutes, ohne daß die Rauheit hier größer würde als die in Längsrichtung (vgl. Modelloberfläche in Abb. 46). Die zahlreichen Meßergebnisse der Abb. 35 haben dies bestätigt; der dort gefundene Unterschied zwischen Längs- und Umfangsrauheit war eindeutig auf die schon im Ausgangszustand vorhandene Verschiedenheit zurückzuführen. Es scheint deshalb beim Stabziehen aus praktischen Erwägungen heraus berechtigt, die Rauheitsmessung auf die Längsrichtung der Stäbe zu beschränken, so wie es überwiegend bei diesen Untersuchungen geschehen ist. Die Ergebnisse der Abb. 35 können allerdings auch so dargestellt werden, daß man die Rauheit nicht in Abhängigkeit von der Hauptformänderung ε_F, sondern als Funktion derjenigen Formänderung angibt, die gleichzeitig die Richtung der Oberflächenabtastung ist. Daher wurden in Abb. 49 die Rauhtiefe in Längsrichtung über der Formänderung ε_l und in Umfangsrichtung über der Formänderung ε_t aufgetragen, wobei beide durch die bezogene Querschnittsabnahme ε_F ausgedrückt sind. Als neues Ergebnis darf jetzt sogar festgestellt werden, daß beim Ziehen die Umfangsrauheit unter Berücksichtigung der *effektiv* durchgeführten Verformung geringer ist als bei der gleichen prozentualen Verformung in Längsrichtung.

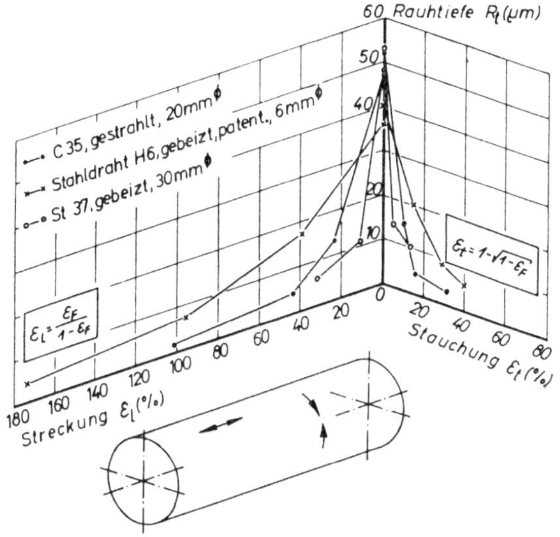

Abb. 49 Abhängigkeit der Rauheitsgröße von der Formänderung in Längs- und Umfangsrichtung

Im Zusammenhang mit der Veränderung einer technischen Oberfläche durch Oberflächenvergrößerung muß auch eine Erscheinung erwähnt werden, die eng mit dem Ziehen von Draht und Stabstahl verbunden ist und allgemein mit dem »Blankwerden« einer Oberfläche beschrieben wird. Unter »blank« sei hier – unabhängig von der Größe der Rauheit – die metallisch blanke Oberfläche verstanden, wie sie beispielsweise nach einer spangebenden Bearbeitung vorliegt. Durch Beizen entzunderter Stahl hat in diesem Sinne keine blanke, sondern durch Oxydschichten dunkel gefärbte Oberfläche, die beim Ziehen in einem oder mehreren Zügen eine Vergrößerung erfährt und mit steigender Gesamtformänderung ein nach Augenschein feststellbares Hellerwerden zeigt, bis schließlich von der ursprünglichen Färbung nichts mehr zu sehen ist. Die Reibung im Ziehwerkzeug sowie ein geeignetes Schmiermittel beschleunigen diesen Vorgang. Es gibt aber keine allgemein gültige Vorschrift über die Größe der für ein Blankwerden erforderlichen Querschnittsabnahme. Ein gutes Beispiel ist das Ziehen von phosphatierten Stäben; je nach Dicke der Phosphatschicht kann eine Gesamtverformung bis zu 80% durchgeführt werden, ohne daß der Überzug aufreißt und die metallische Oberfläche erscheint.

6.2 Flächenpressung im Ziehwerkzeug

Mit Hilfe einer Modelloberfläche konnte im Abschnitt 6.1 eine qualitative Erklärung für die Einebnung eines Oberflächenprofils beim Ziehen gegeben werden. Danach sind als Haupteinflußgrößen die durchgeführte Formänderung bzw. Oberflächenvergrößerung und die Flächenpressung in der Düse zu betrachten. Für den ersten Faktor wurden zahlreiche Beispiele angeführt. Das nächste Ziel besteht nun darin, einen Zusammenhang zwischen dem Druck im Ziehwerkzeug und der Oberflächenveränderung einerseits und der Formänderung andererseits zu finden.

Zuvor muß aber untersucht werden, inwieweit der uneinheitliche Verlauf der Kurven R_t, R_p und $R_a = f(\varepsilon_F)$ der Abb. 17, der durch die Größe der Querschnittsabnahme nicht mehr zu erklären ist, auf die unterschiedlichen Werkstoffe, Ausgangsabmessungen, Oberflächenvorbehandlungen und Ziehbedingungen zurückgeführt werden kann. Zu diesem Zweck wurden Proben aus vier verschiedenen Werkstoffen (Al 99,5; E-Cu; St 37; X 5 CrNi 18 9) auf einen konstanten Ausgangsdurchmesser von 20,55 mm sauber gedreht. Anschließend erfolgte eine Aufrauhung der Oberfläche durch Strahlen, wobei für alle Stäbe die gleichen Bedingungen eingehalten wurden. Lediglich durch Anpassung der Strahlzeit an die Werkstoff-Festigkeit sollte versucht werden, eine gleichmäßige Ausgangsrauheit bei allen Stäben zu erzielen. Wie Abb. 50a zeigt, gelang dies nicht. Die Rauhtiefe der Aluminiumproben ist mehr als doppelt so groß als die des austenitischen Stahles. Dieser Nachteil wird aber dadurch teilweise ausgeglichen, daß die Ausgangsoberflächen sich nur in der Größe, nicht aber in der Form der Rauheit unterscheiden; denn die Werte für den Leeregrad sind bei allen Werkstoffen annähernd gleich (Abb. 50b).

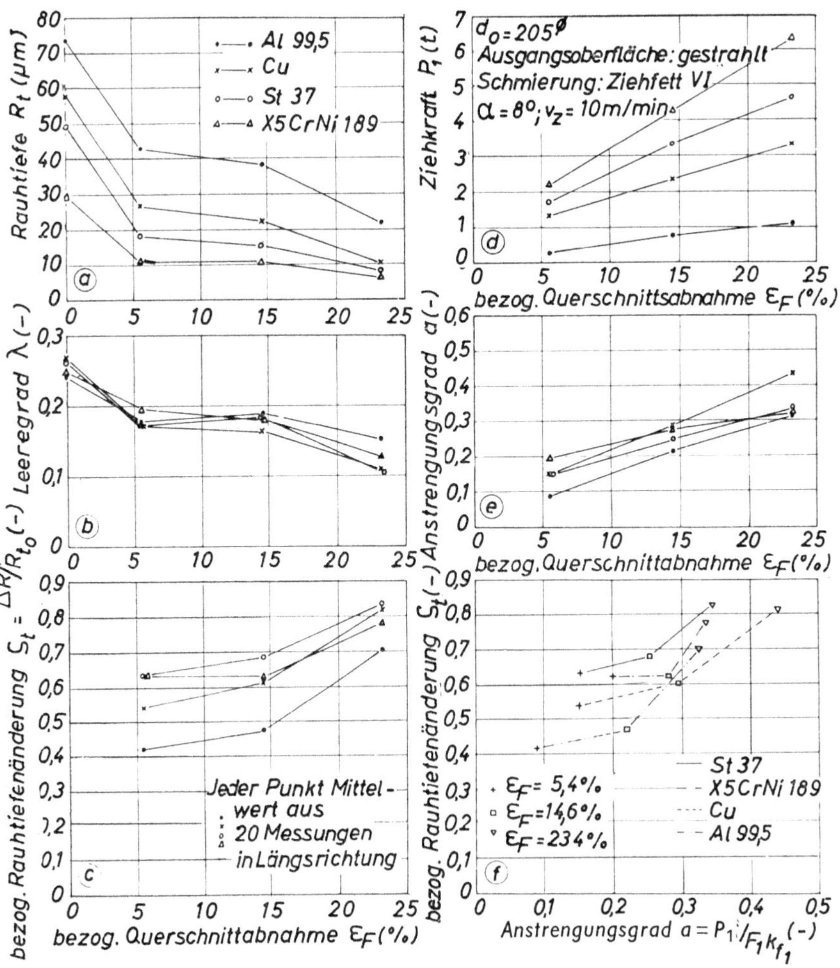

Abb. 50 Einfluß des Werkstoffes auf die Oberflächenrauheit beim Ziehen

Das Ziehen der Stäbe geschah unter konstanten Versuchsbedingungen, so daß ein Vergleich der Werkstoffe untereinander möglich wurde. Im wesentlichen ergibt sich, daß bei den beiden Stählen die größte bezogene Rauheitsänderung eintritt. Der Abstand gegenüber den Aluminiumstäben ist relativ groß. Da sie Formänderung bzw. Oberflächenvergrößerung jetzt als Variable entfällt, muß hier ein Werkstoffeinfluß vorliegen. Eine Abhängigkeit der Endrauheit von dem verwendeten Schmiermittel in Verbindung mit der Größe der Ausgangsrauheit dürfte als Begründung nicht in Frage kommen, ganz abgesehen davon, daß dieses Problem gar nicht getrennt von den übrigen Faktoren zu erfassen ist. In Abb. 50e wurde versucht, als Kenngröße für den Beanspruchungszustand während des Ziehvorganges den Anstrengungsgrad

$$a = P_1/F_1 \cdot k_{f_1}$$

heranzuziehen. Rein qualitativ bestätigt sich die obige Aussage. Der Zusammenhang zwischen bezogener Rauheitsänderung, Anstrengungsgrad und Querschnittsabnahme ist im letzten Teil, Abb. 50f, dargestellt. Man kann zwar einen geringen Werkstoffeinfluß auf die Oberflächenwandlung beim Ziehen feststellen, doch läßt sich daraus noch nicht der charakteristische Verlauf der Rauheitskurven $R = f(\varepsilon_F)$ erklären. Die Frage nach der Bedeutung des Werkzeugdruckes bleibt daher weiterhin von Interesse.

6.2.1 Spannungsverteilung in der Ziehdüse

Beim Ziehen eines Drahtes oder eines Stabes durch eine Düse erfolgt die Formänderung unter der Einwirkung der Ziehkraft P_1 und der Reaktionsdruckkraft Q [42]. Letztere kann man sich als Resultierende aller, über den Umfang der Umformzone auf das Ziehgut ausgeübten Einzeldruckkräfte vorstellen. Ihre Wirkungslinie ist gegenüber der Senkrechten zur Ziehgutachse um den Düsenneigungswinkel α und den Reibungswinkel ϱ geneigt. Für das Kräftegleichgewicht zwischen P_1 und Q ergibt sich dann nach Abb. 51 die Beziehung

$$Q = \frac{P_1}{\sin(\alpha + \varrho)}$$

Die auf das Umformgut einwirkende Querkraft ist also immer um ein Vielfaches größer als die zur Durchführung des Ziehvorganges erforderliche Ziehkraft. Wird P_1 auf den Austrittsquerschnitt des gezogenen Materials und Q auf die Umfangsfläche der Umformzone bezogen, so erhält man die mittlere Längsspannung σ_{l_m} und die mittlere Flächenpressung σ_{q_m}. Abb. 51 zeigt die gesamte Spannungsverteilung im Ziehwerkzeug, wie sie von E. Siebel [42] angegeben wurde, allerdings mit der vereinfachenden Annahme, daß beim Ziehen keine Verfestigung eintritt. Da die Längsspannung von Null am Düseneintritt auf einen Maximalwert am Düsenaustritt ansteigt, muß der Querdruck von einem Höchstwert im Eintrittsquerschnitt zum Ende der Umformzone hin abfallen, damit die Fließbedingung nach der Schubspannungs-Hypothese

$$\sigma_1 - \sigma_q = k_f$$

in jedem beliebigen Düsenquerschnitt erfüllt ist. Für die vorliegende Untersuchung interessiert aber nur ein mittlerer Wert von σ_q. Unter Berücksichtigung der Düsengeometrie und der Kräfteverhältnisse am Keilelement ergibt sich die mittlere Flächenpressung zwischen Düse und Ziehgut (im folgenden auch mittlerer Werkzeugdruck genannt) zu

$$\sigma_{q_m} = \frac{P_1 \cdot \sin\alpha}{(F_0 - F_1) \cdot \sin(\alpha + \varrho)}.$$

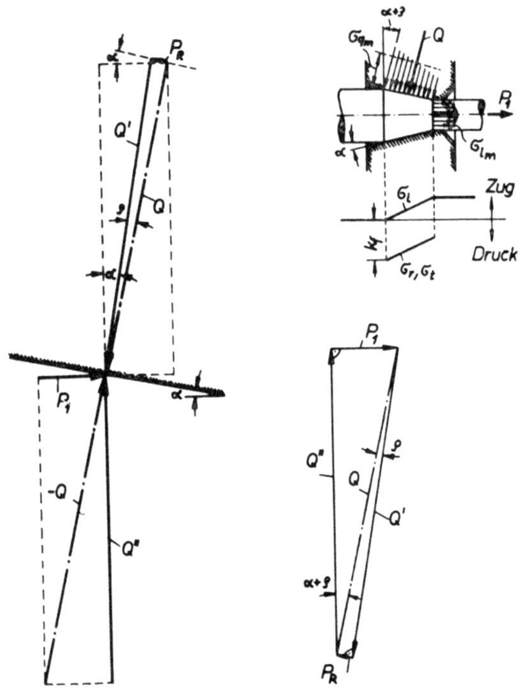

Abb. 51 Spannungsverteilung und Kräftegleichgewicht in der Düse beim Ziehen

H. Wiegand und K. H. Kloos [43] unterscheiden bei werkzeuggebundenen Umformverfahren zwischen *werkstoff-* und *verfahrens*bedingten Pressungsanteilen. Die durch den Werkstoff hervorgerufene Flächenpressung ist identisch mit der Formänderungsfestigkeit k_f, während der vom Verfahren abhängige Druckanteil durch den äußeren Spannungszustand und die Wandreibungseinflüsse gebildet wird. Zur Berechnung des gesamten Werkzeugdruckes ist aber – wie auch obige Formel zeigt – gerade die Kenntnis des zwischen Werkzeug- und Ziehgutoberfläche wirkenden Reibungsbeiwertes $\mu = \mathrm{tg}\,\varrho$ von großer Bedeutung. Da eine gesicherte, direkte Messung von μ nicht möglich ist, kann man sich dadurch helfen, daß aus einer der bekannten Ziehkraftformeln der Reibungsbeiwert eleminiert wird, wobei die Ziehkraft P_1 als Meßwert einzusetzen ist [44, 45, 46]. Mit dem so gewonnenen Reibungsfaktor läßt sich dann die mittlere Flächenpressung im Ziehwerkzeug berechnen.

Als einfachste Formel bietet sich die Beziehung von *E. Siebel* [42] an, doch könnten auch die etwas komplizierteren Ziehkraftgleichungen von G. Sachs [47], F. Körber und A. Eichinger [48] sowie von A. Geleji [49] verwendet werden. Die Genauigkeit solcher Berechnungen ist natürlich wegen der vereinfachenden Annahmen, die bei der Aufstellung der Gleichungen gemacht wurden, nur begrenzt, doch ergeben sich auf diese Weise Bezugswerte für den Reibungszustand und die Größe der mittleren Flächenpressung in der Ziehdüse. Tab. 3 bringt eine knappe Gegenüberstellung der verschiedenen Theorien. Die wesentlichen Unterschiede liegen im Formelansatz und speziell in der Ableitung des Reibungsanteils. Da alle Gleichungen zunächst ohne Berücksichtigung der inneren Schiebungen aufgestellt worden sind, mußte ein Glied für den Kraftbedarf zur Überwindung des Schiebungsanteils hinzugefügt werden. Außerdem vernachlässigten E. Siebel und G. Sachs die Werkstoffverfestigung. Für die exakte Berechnung des Reibungsbeiwertes μ aus einer der drei Gleichungen besteht – sofern

Tab. 3 Gegenüberstellung verschiedener Ziehkraftgleichungen

	E. Siebel	G. Sachs / F. Körber / A. Eichinger	A. Geleji
Vergleich verschiedener Ziehkraftformeln	$P_1 = F_1\, k_{fm}\, \varphi_H \left(1 + \frac{\mu}{\alpha} + \frac{2}{3}\frac{\alpha}{\varphi_H}\right)$	$P_1 = F_1\, k_{fm} \left\{\left(1 + \frac{\alpha}{\mu}\right)\left[1 - \left(\frac{F_1}{F_0}\right)^{\frac{\mu}{\alpha}}\right] + \frac{4}{3\sqrt{3}}\alpha\right\}$	$P_1 = k_m (F_0 - F_1)\left(1 + \frac{\mu}{\alpha}\right) + \frac{4}{3\sqrt{3}} k_{fm} F_1 \alpha$ $\frac{k_{fm}}{1 + \frac{F_0 - F_1}{2 F_1}\left(1 + \frac{\mu}{\alpha}\right)} = k_m$
Annahmen	Volumenkonstanz Gültigkeit der Fließbedingung nach der Schubspannungshypothese		
	Längsspannung σ_l überall gleichmäßig über Ziehgutquerschnitt verteilt; keine inneren Schiebungen; keine Werkstoffverfestigung		keine inneren Schiebungen
	Reibung proportional der Formänderungsfestigkeit k_f	Reibung proportional dem Wanddruck p	Reibung proportional dem mittleren Verformungswiderstand k_m
Ansatz	Energiesatz	Kräftegleichgewicht in axialer Richtung (Grundgleichung von G. Sachs)	kein eigener systematischer Ansatz; getrennte Ermittlung der Einzelkräfte
Ergänzungen	Schiebungsanteil von A. Eichinger; mittlere Formänderungsfestigkeit k_{fm}	Schiebungsanteil von F. Körber und A. Eichinger; mittlere Formänderungsfestigkeit k_{fm}	Schiebungsanteil von F. Körber und A. Eichinger
Vereinfachungen	$\sin\alpha \cdot \cos\alpha \approx \alpha$	$\operatorname{tg}\alpha \approx \alpha$	$\sin\alpha \approx \alpha;\ \frac{1}{2}\cdot\frac{4}{3\sqrt{3}}\alpha \ll 1$

die Ziehkraft, Formänderung und Düsengeometrie bekannt sind – die Hauptschwierigkeit in der richtigen Ermittlung der mittleren Formänderungsfestigkeit k_{f_m}. Zunächst muß das k_{f0} für den Ausgangszustand genau bestimmt werden; dies kann entweder durch Feststellung der natürlichen Streckgrenze des Werkstoffes oder aber durch Bestimmung der 0,2-Dehngrenze geschehen. Auf keinen Fall darf bei der anschließenden Bildung von k_{f_m} der Fehler begangen werden, daß der im allgemeinen gekrümmte Anfangsteil der Fließkurve arithmetisch gemittelt wird. Dieses Vorgehen führt gerade bei der Rückwärtsberechnung des Reibungsbeiwertes aus einer Ziehkraftgleichung zu falschen Ergebnissen. Es ist deshalb nötig, eine grafische Mittelung der Fließkurve zwischen den betrachteten Verformungsstufen vorzunehmen.

W. Lueg und K.-H. Treptow [50] haben zu bedenken gegeben, daß – im Gegensatz zum Drahtziehen – beim Ziehen dicker Stangen in radialer Richtung die Verformung des Werkstoffes bei geringen Querschnittsabnahmen und großen Stangendurchmessern sehr ungleichförmig ist. Da dieser Umstand im Ansatz der Ziehkraftgleichungen nicht berücksichtigt ist, muß nach Meinung der Verfasser eine rechnerische Auswertung von Ziehkraftmessungen beim Stangenzug zu Fehlern führen. Bevor aber trotzdem eine Auswertung der eigenen Versuche in dieser Richtung erfolgt, sollen einige neuere Ergebnisse über Reibungsbeiwert- und Querdruckmessungen angeführt werden, die O. Pawelski [51] mit einer aus zwei Ziehbacken bestehenden Vorrichtung für das ebene Ziehen von Flachquerschnitten gefunden hat. Im wesentlichen ergibt sich aus Abb. 52a ein Absinken des Reibungsbeiwertes mit steigender Höhenformänderung und ein Anwachsen mit größer werdendem Ziehholneigungswinkel. Eine ähnliche Abhängigkeit zeigt sich auch für den mittleren Werkzeugdruck (Abb. 52b). Während die Veränderlichkeit des Reibungsbeiwertes nicht in Übereinstimmung mit dem allgemeinen Reibungsgesetz steht, kann man sich das Abnehmen der Flächenpressung $Q/F_d = \sigma_{q_m}$ dadurch erklären, daß mit wachsender Verformung die Größe der gedrückten Fläche F_d stärker ansteigt als die durch die erhöhte Werkstoffverfestigung bedingte Querkraftzunahme. Der Vorteil dieses neuen Verfahrens gegenüber der oben beschriebenen Berechnungsmethode besteht darin, daß die Querkraft direkt gemessen wird, und zur Ermittlung des Reibungsbeiwertes die mittlere Formänderungsfestigkeit nicht erforderlich ist.

6.2.2 Flächenpressung im Ziehwerkzeug beim Einfach- und Mehrfachzug

Den folgenden Berechnungen ist die Ziehkraftgleichung von E. Siebel [42] zugrunde gelegt. Durch einfaches Umformen ergibt sich daraus der Reibungsbeiwert

$$\mu = \frac{\alpha}{\varphi_H}\left[\frac{P_1}{F_1 \cdot k_{f_m}} - \frac{2}{3}\,\alpha - \varphi_H\right]$$

Es bedeuten:

P_1 = im Versuch ermittelte Ziehkraft
F_0 = Stabquerschnitt vor dem Ziehen
F_1 = Stabquerschnitt nach dem Ziehen
φ_H = logarithmische Hauptformänderung $\ln F_0/F_1$
k_{f_m} = mittlere Formänderungsfestigkeit
α = Düsenneigungswinkel

Für die Berechnung des mittleren Werkzeugdruckes kann statt der früher angegebenen Formel auch die etwas leichter zu handhabende Beziehung

$$\sigma_{q_m} = \frac{P_1}{(F_0 - F_1) \cdot (1 + \mu \operatorname{ctg} \alpha)}$$

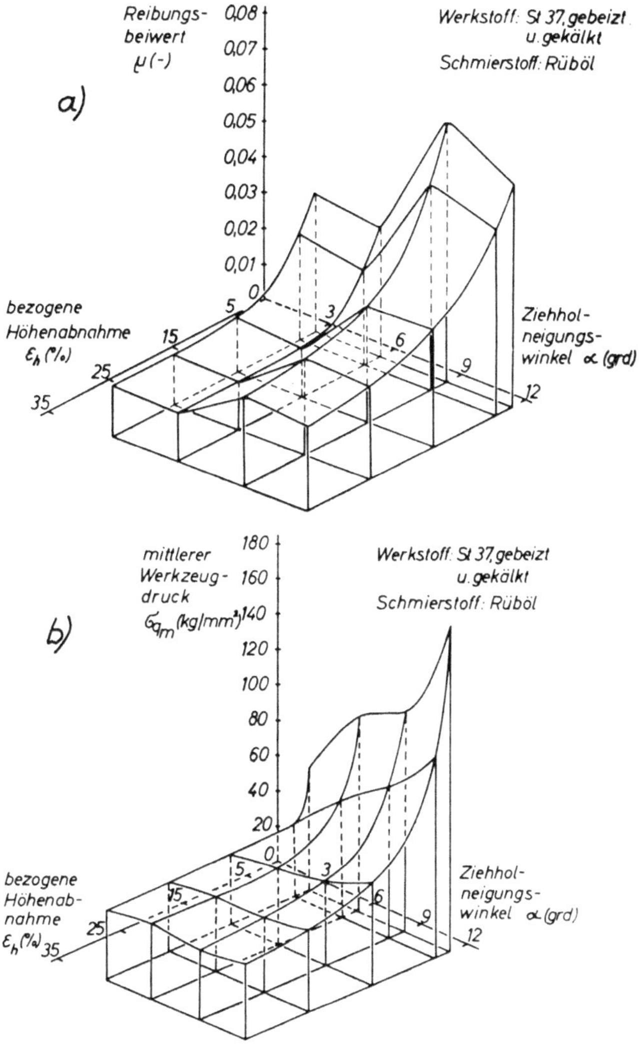

Abb. 52 Abhängigkeit des Reibungsbeiwertes und des mittleren Werkzeugdruckes von der Formänderung und dem Ziehholwinkel beim ebenen Ziehen von Flachquerschnitten (nach O. Pawelski [51])

benutzt werden, die sich aus dem axialen Kräftegleichgewicht in der Ziehdüse ableiten läßt. Bei allen Rechnungen wurde die vereinfachende Annahme gemacht, daß der Übergang vom Ziehkonus zum zylindrischen Teil der Düsen scharfkantig ist. In Wirklichkeit hatten die verwendeten Hartmetallwerkzeuge einen geringen Radius als Abrundung. Der Einfluß der zylindrischen Führungslänge auf die Größe der Ziehkraft wurde ebenfalls vernachlässigt.

Eine Gesamtdarstellung der rechnerischen Auswertung ist in Abb. 53 in Abhängigkeit von der bezogenen Querschnittsabnahme ε_F für die schon im Abschnitt 5.1.1 diskutierten Werkstoffe und Abmessungen wiedergegeben. Die Ziehkraftkurven entsprechen den allgemeinen Erfahrungen. Für den Reibungsbeiwert ist eine klare Abhängigkeit von der durchgeführten Verformung feststellbar. Dies stimmt qualitativ mit den als Vergleichskurve eingezeichneten Ergebnissen von O. Pawelski (vgl. Abb. 52a) überein. Im vorliegenden Bild sind der Übersichtlichkeit halber nur Mittelwerte aus je 3–10 Ein-

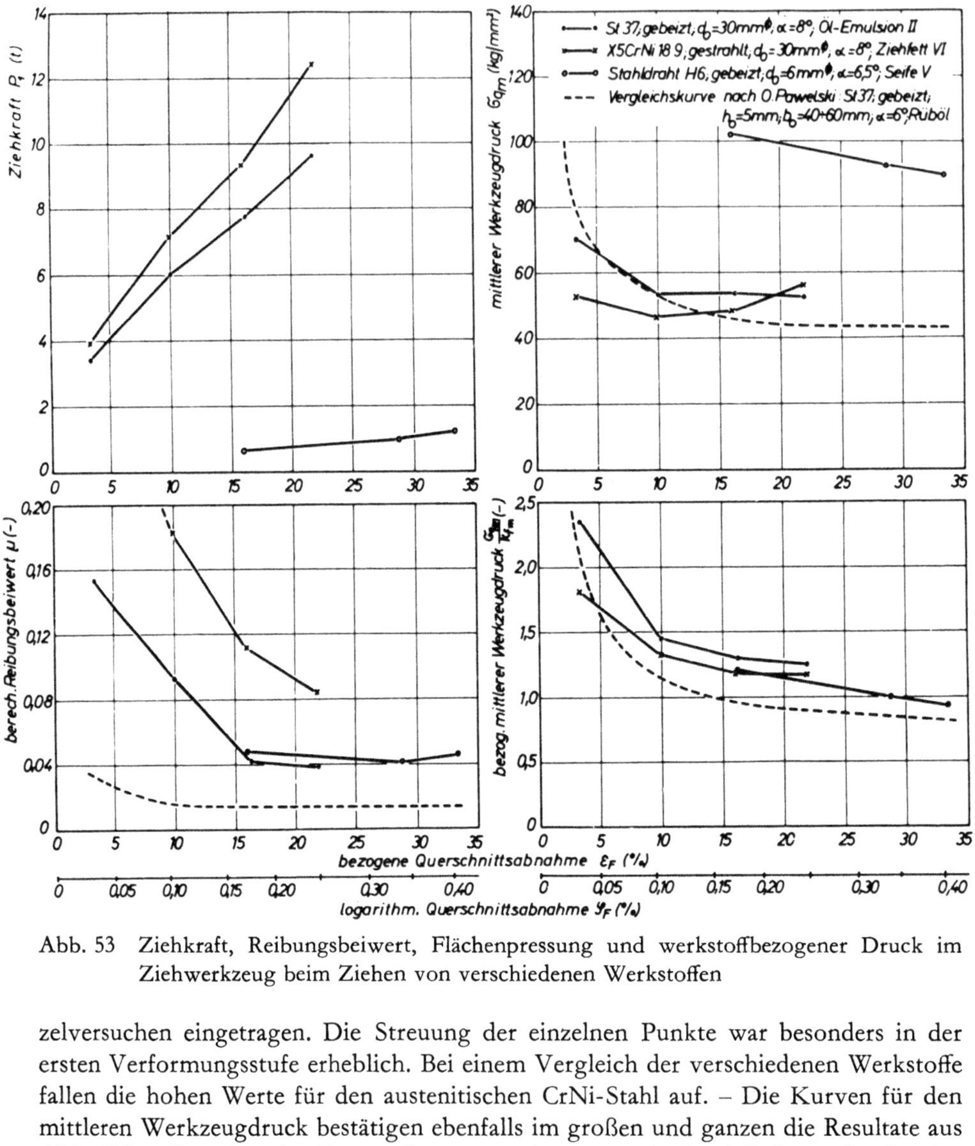

Abb. 53 Ziehkraft, Reibungsbeiwert, Flächenpressung und werkstoffbezogener Druck im Ziehwerkzeug beim Ziehen von verschiedenen Werkstoffen

zelversuchen eingetragen. Die Streuung der einzelnen Punkte war besonders in der ersten Verformungsstufe erheblich. Bei einem Vergleich der verschiedenen Werkstoffe fallen die hohen Werte für den austenitischen CrNi-Stahl auf. – Die Kurven für den mittleren Werkzeugdruck bestätigen ebenfalls im großen und ganzen die Resultate aus Abb. 52b. Mit steigender Formänderung ε_F nimmt σ_{q_m} ab. Der Wiederanstieg für den rostfreien Stahl ist durch die fast lineare Verfestigung dieses Werkstoffes zu erklären. Daß trotz der höheren Reibungsbeiwerte und der größeren Ziehkräfte die σ_{q_m}-Kurve des CrNi-Stahles unterhalb der des weichen St 37 liegt, wurde auch von O. Pawelski bei einem anderen Werkstoff im Zusammenhang mit verschiedenen Schmiermitteln beobachtet. Die Flächenpressungswerte für den patentierten Stahldraht sind in ihrer Höhe mit Berechnungen von W. Lueg und K.-H. Treptow [46] vergleichbar.

Bei einer Gegenüberstellung der bisherigen Ergebnisse kann die Rauheitsänderung beim Ziehen mit steigender Querschnittsabnahme (vgl. Abb. 17) so erklärt werden, daß infolge des hohen Flächendruckes bei kleinen Verformungsgraden ($\varepsilon_F = 3$–5%) die Ausgangsrauheit relativ stark eingeebnet wird, wobei der Einfluß der Oberflächenvergrößerung vernachlässigbar ist. Mit zunehmender Formänderung wird aber der Druck im Ziehwerkzeug kleiner, so daß eigentlich keine weitere Rauheitsabnahme eintreten dürfte. Die trotzdem fortschreitende Oberflächenglättung muß also auf die wachsende

Oberflächenvergrößerung zurückzuführen sein. Diese Darstellung der Versuchsergebnisse hat den großen Nachteil, daß die Werkstoffabhängigkeit noch nicht beseitigt ist. Die hohen Pressungswerte des patentierten Stahldrahtes gegenüber dem St 37 können und müssen so zu dem Fehlschluß führen, daß die Drahtoberfläche stärker eingeebnet wird als die des Stabes. Und dies ist eben nicht der Fall. Bezieht man nun den berechneten Werkzeugdruck σ_{q_m} auf die jeweilige mittlere Formänderungsfestigkeit k_{f_m}, dann ist der Parameter Werkstoff eleminiert, und es ergibt sich eine noch zutreffendere Bestätigung des oben Gesagten. Da die *bezogene* mittlere Flächenpressung σ_{q_m}/k_{f_m} in der Düse mit wachsender Querschnittsabnahme abfällt, strebt die beim Ziehen erreichbare Oberflächenrauheit einem konstanten Wert zu. Die Linienzüge im unteren rechten Diagramm der Abb. 53 liegen ziemlich eng zusammen und zeigen eine gute Übereinstimmung mit den Ergebnissen der Abb. 17 und 18 in bezug auf die Rauheitsänderung bei verschiedenen Werkstoffen.

Die obigen Ausführungen gelten nur für Formänderungen, die auf gleichen Ausgangszustand bezogen sind. Vom Standpunkt der Oberflächenbeschaffenheit aus gesehen treten aber ganz andere Verhältnisse ein, wenn eine bestimmte Querschnittsabnahme in zwei oder mehr Einzelabnahmen aufgeteilt wird. Nach Abb. 32 ist dann die Endrauheit um so geringer, je mehr Züge zur Erreichung der gewünschten Abmessung aufgebracht wurden. Auch hierfür kann durch Berechnung der Flächenpressung im Ziehwerkzeug eine Erklärung gefunden werden. Nach Abb. 54 ist der Druck auf die Ziehgutoberfläche in jedem der durchgeführten Einzelzüge größer als diejenige Pressung, die sich beim Ziehen der Gesamtabnahme in einem Zug einstellt. Rein qualitativ ist dies schon von O. Pawelski in einem Diskussionsbeitrag zu den Untersuchungen von K. Mietzner [27] angedeutet worden. Zudem steigt auch die absolute Höhe von σ_{q_m} mit fortschreitender Zug-Nummer. Die Ungleichmäßigkeit beim Werkstoff St 37 zwischen dem 1. und 2. Zug der insgesamt viermal gezogenen Stäbe ist darauf zurückzuführen, daß die Verformung im 1. Zug etwa nur halb so groß war wie die im Zug 2. In ähnlicher Weise wie die Flächenpressungen verhalten sich die auf die mittlere Formänderungsfestigkeit bezogenen Werte σ_{q_m}/k_{f_m}. Für den Fall des Mehrfachziehens von Drähten und Stäben kann also festgestellt werden, daß der Rauheitsunterschied zwischen einmal und mehrere

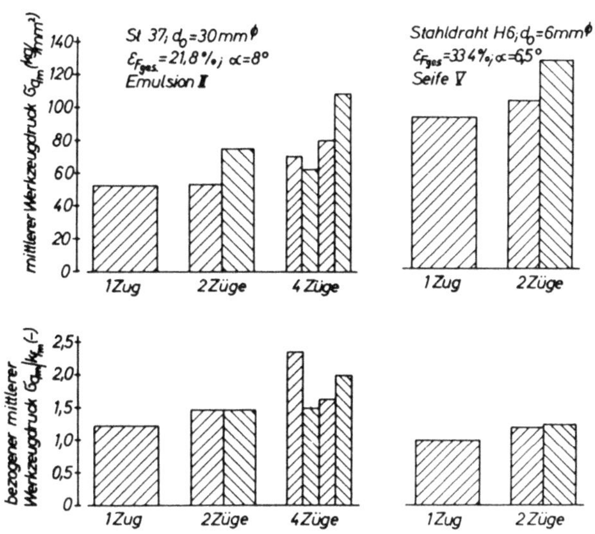

Abb. 54 Werkzeugdruck und werkstoffbezogener Werkzeugdruck beim Mehrfachziehen von Drähten und Stäben

Male gezogenen Oberflächen bei gleicher Gesamtverformung ausschließlich auf die Größe des bezogenen mittleren Werkzeugdruckes zurückgeführt werden muß, da der Einfluß der Oberflächenvergrößerung bei beiden Ziehvorgängen gleichbleibend ist.

In den bisherigen Betrachtungen und Diagrammen wurden immer nur Ausgangs- und Endrauhwerte einander gegenübergestellt. Dabei ist aber keine Aussage darüber möglich, wie der Übergang in der eigentlichen Umformzone aussieht. Mit Hilfe einer besonderen Meßvorrichtung sowie einer Pendelkupplung zwischen Tastsystem und Antriebsgehäuse konnte auf einer »Stecker«-Probe an jeder beliebigen Stelle der gedrückten Länge die Rauheit in Umfangsrichtung gemessen werden. Aus Abb. 55 ist zu entnehmen, daß bei einem kegelförmig gestalteten Ziehhol der Übergang zwischen Anfangs- und Endrauhtiefe nicht etwa linear verläuft, sondern daß bereits zu Beginn der äußeren Umformzone der größte Teil der Rauheitsabnahme abgeschlossen ist und sich dann ein asymptotischer Einlauf in die Endrauheit einstellt.

Neben der Größe der Querschnittsabnahme im Einfach- und Mehrfachzug hat der Düsenneigungswinkel den stärksten Einfluß auf die Rauheitsänderung beim Stabziehen. Nach Abb. 36 wird die Oberfläche um so glatter, je steiler der Düsenwinkel ist. Da bei gleicher Formänderung, Schmierung und Ziehgeschwindigkeit die Rauheit zwischen $\alpha = 2°$ und $14°$ um ca. 50% abnimmt, kann in diesem Fall als Ursache für die bessere Glättwirkung der größeren Düsenwinkel nur die Flächenpressung zwischen Ziehgut und Werkzeug in Frage kommen. Eine Betrachtung der Ziehkraftkurven $P_1 = f(\alpha)$ in Abb. 56 bestärkt diese Vermutung. In der vom Drahtziehen her bekannten Weise durchläuft die Ziehkraft bei einem bestimmten Winkel α ein Minimum; in diesem Punkt, der von der Querschnittsabnahme abhängig ist, sind die äußeren und inneren Formgebungsverluste gleich groß. Wird nun mit einer schlanken Düse gezogen, so ist die gedrückte Fläche F_d im Ziehwerkzeug wesentlich größer, als wenn man bei gleicher Verformung eine steile Düse verwendet. Wegen der Proportionalität zwischen P_1 und Q müßte also mindestens nach Überschreiten des optimalen Ziehwinkels ein Anstieg der Flächenpressung Q/F_d mit wachsendem Winkel α zu erwarten sein. Die genaue Nachrechnung mit Hilfe der Siebelschen Ziehkraftformel ergibt, daß der Werkzeugdruck

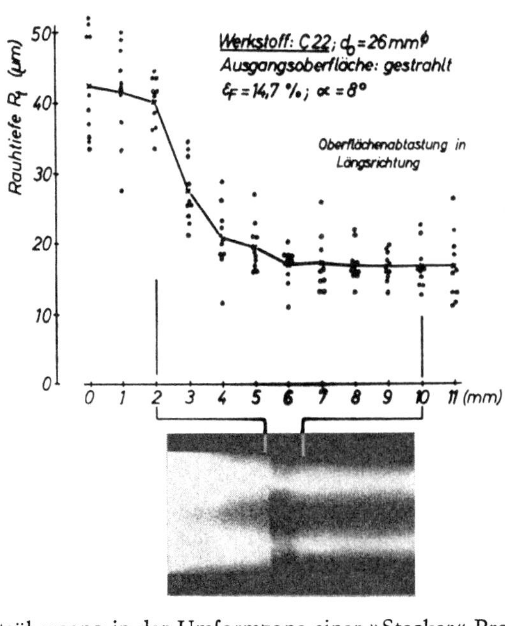

Abb. 55 Rauheitsübergang in der Umformzone einer »Stecker«-Probe

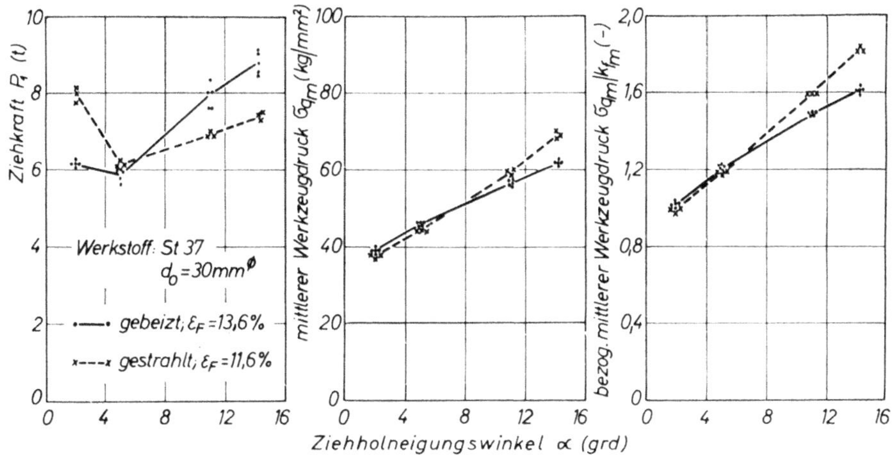

Abb. 56 Ziehkraft, Werkzeugdruck und bezogener mittlerer Werkzeugdruck beim Ziehen mit verschiedenen Ziehwinkeln

von $\alpha = 2°$ bis $\alpha = 14°$ um etwa 60% bei gebeizten und um 75% bei gestrahlten Stäben zunimmt (Abb. 56, Mitte). Da die Versuche immer mit gleichem Material und gleicher Formänderung durchgeführt wurden, ist der Werkstoffeinfluß bzw. die mittlere Formänderungsfestigkeit hier ohne Bedeutung. Die Kurve für σ_{q_m}/k_{f_m} führt daher ebenso zu dem Ergebnis, daß die Oberflächenrauheit des Ziehgutes um so geringer ist, je steiler die Ziehdüse gewählt wird.

Bei der Diskussion über die Abhängigkeit der Oberflächenrauheit von der Verformung und der Düsengeometrie hat sich der bezogene mittlere Werkzeugdruck als wesentliche Einflußgröße herausgestellt. Im ersten Fall ergab sich ein Absinken der Flächenpressung und ein Ansteigen der mittleren Formänderungsfestigkeit mit größer werdender Querschnittsabnahme. Im zweiten Fall nahmen beim Mehrfachziehen sowohl σ_{q_m} als auch k_{f_m} zu, während im dritten Fall σ_{q_m} bei konstantem k_{f_m} anwuchs. Wenn nun die Veränderung der Rauheit tatsächlich in erster Linie durch das Verhältnis σ_{q_m}/k_{f_m} beeinflußt wird, so müßte sich beim Ziehen mit konstantem bezogenem Werkzeugdruck auch eine gleichbleibende Oberflächenrauheit einstellen, sofern alle anderen Parameter nicht verändert würden. Eine solche Versuchsreihe läßt sich verwirklichen, wenn Stäbe mit gleichem Ausgangsdurchmesser, aber verschieden starker Vorverfestigung, bei gleicher Abnahme und Düsengeometrie gezogen werden. Zu diesem Zweck wurden Proben aus C 22 mit verschiedenen Querschnittsabnahmen vorgezogen und dann auf gleichen Ausgangsdurchmesser sauber gedreht. Durch Strahlen konnte eine ungerichtete Aufrauhung der Staboberfläche erreicht werden, wobei allerdings die Rauheitsgröße von der Oberflächenhärte abhing. Die Auswertung der Ziehversuche ist in Abb. 57 zusammengestellt. Entsprechend der zunehmenden Formänderungsfestigkeit im Ausgangszustand steigt der Druck in der Ziehdüse stark an. Bezogen auf die jeweilige Formänderungsfestigkeit k_{f_m} bleibt aber das Verhältnis σ_{q_m}/k_{f_m} annähernd konstant. Die Ergebnisse der Oberflächenmessung bestätigen nun die obige Hypothese: Die in diesem Fall als Kenngröße gewählte Glättungstiefe R_p nimmt natürlich beim Ziehen gegenüber dem Ausgangszustand ab, doch ergibt sich keinerlei Abhängigkeit der gezogenen Rauheit von der Formänderungsfestigkeit k_{f0}, wie es durch eine alleinige Beurteilung der Flächenpressungswerte zu erwarten wäre. Daraus folgt eine eindeutige Zuordnung der bezogenen Rauheitsänderung $\Delta R_p/R_{p0}$ zum werkstoffbezogenen mittleren Werkzeugdruck σ_{q_m}/k_{f_m}.

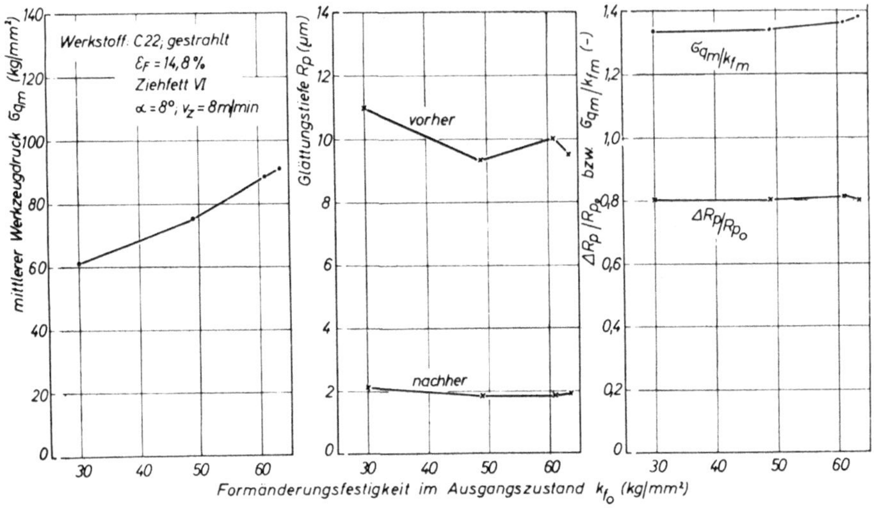

Abb. 57 Einfluß der Formänderungsfestigkeit auf den bezogenen Werkzeugdruck und die bezogene Rauheitsänderung

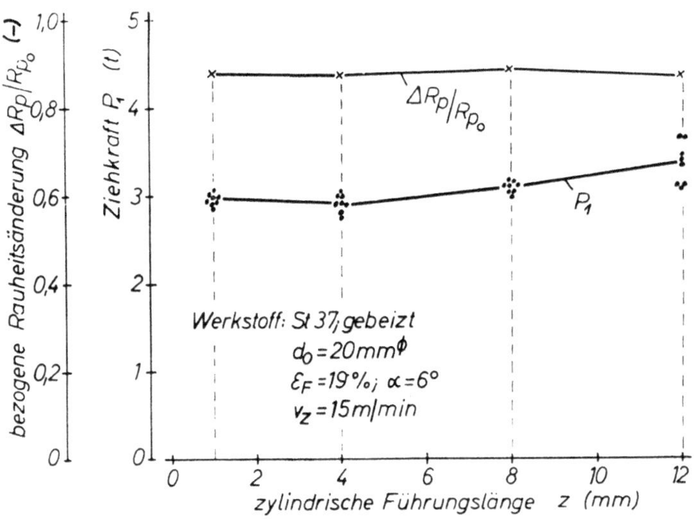

Abb. 58 Ziehkraft und bezogene Rauheitsänderung beim Ziehen mit verschiedenen zylindrischen Führungslängen

Daß nicht unter allen Umständen bei steigendem σ_{q_m}/k_{f_m}-Verhältnis auf eine stärkere Oberflächeneinebnung geschlossen werden darf, zeigt das Beispiel des Ziehens mit unterschiedlicher Führungslänge z. Nach Abb. 58 läßt sich zwar aus der zunehmenden Ziehkraft P_1 bei gleichem k_{f_m} eine Erhöhung des bezogenen Werkzeugdruckes berechnen, doch wäre diese Rechnung falsch, weil der Ziehkraftanstieg durch die zusätzliche Reibung im zylindrischen Teil des Werkzeuges hervorgerufen wird und sich nur in einer Zunahme der Längsspannung im gezogenen Stab, nicht aber in einer Beeinflussung der auf die Oberfläche des Ziehgutes wirkenden Querkraft bemerkbar macht. Daher sind die konstanten Werte für die bezogene Rauheitsänderung $\Delta R_p/R_{p0}$ in Abb. 58 durchaus erklärbar.

Bei der Untersuchung des Einflusses verschiedener Schmiermittel und Schmiermittelträger hatte sich ergeben, daß trotz erheblicher Rauheitsunterschiede im Ausgangszustand zwischen gekälkten und phosphatierten Stäben die *bezogenen* Rauheitsänderungen nicht stark voneinander abwichen. Da die Stäbe außerdem durch ein Versehen eine unterschiedliche Ausgangsfestigkeit hatten, lagen die Ziehkräfte für die phosphatierten Proben um etwa 30% über den Werten für die gekälkten. Durch Berechnung des bezogenen mittleren Werkzeugdruckes für die einzelnen Schmiermittel wird aber die Werkstoffverschiedenheit weitgehend beseitigt (Abb. 59), so daß auch hier wieder ein Zusammenhang zwischen dem Verhältnis σ_{q_m}/k_{f_m} und der bezogenen Rauheitsänderung $\Delta R_p/R_{p0}$ erkennbar wird.

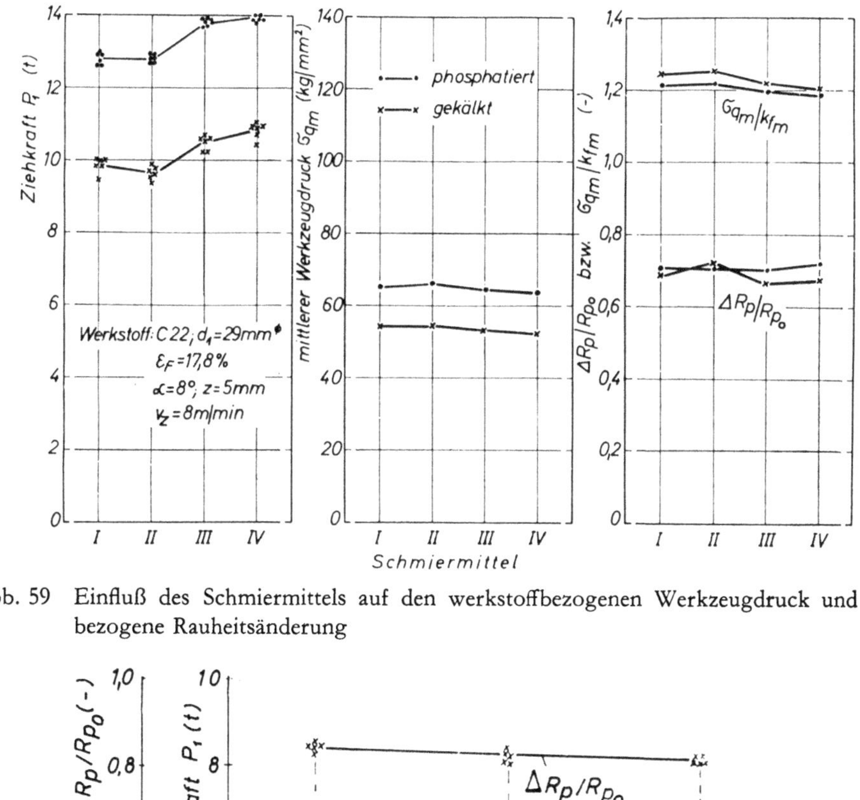

Abb. 59 Einfluß des Schmiermittels auf den werkstoffbezogenen Werkzeugdruck und die bezogene Rauheitsänderung

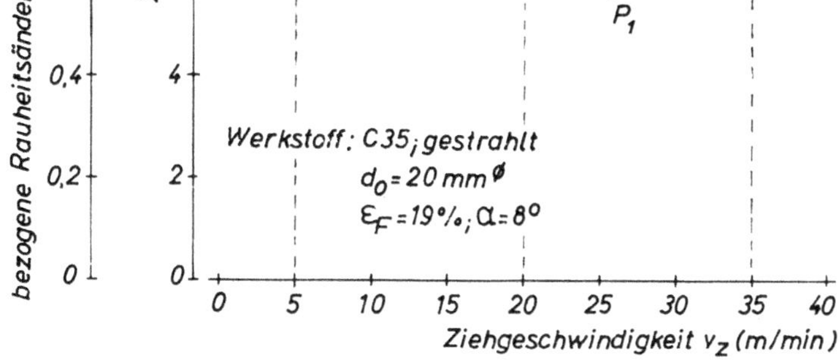

Abb. 60 Ziehkraft und bezogene Rauheitsänderung beim Ziehen mit verschiedenen Ziehgeschwindigkeiten

Nach den letzten Beispielen ist eine Begründung für die gleichbleibende Endrauheit beim Ziehen mit verschiedenen Ziehgeschwindigkeiten nicht schwer zu finden. Wie Abb 60 zeigt, verändert sich die Ziehkraft nicht. Da alle anderen Parameter während des Ziehvorganges konstant waren, muß der bezogene Flächendruck in der Düse ebenfalls für alle Ziehgeschwindigkeiten gleich groß gewesen sein. Die Rauheitsabnahme ist also ausschließlich darauf zurückzuführen, daß überhaupt eine Querschnittsabnahme stattgefunden hat; bei welcher Geschwindigkeit sie durchgeführt wird, spielt keine Rolle.
Zum Abschluß der Betrachtungen über die Bedeutung der Flächenpressung im Ziehwerkzeug für die Rauheitsänderung sollen nochmals die Verhältnisse beim Ziehen von Flachquerschnitten untersucht werden. Die im Abschnitt 5.1.1 beschriebenen Versuche hatten bei einem Stabquerschnitt von 30×10 mm keine nennenswerten Unterschiede zwischen der Rauheit am Rande und in der Mitte der Breitseiten einerseits und zwischen Breit- und Schmalseiten andererseits ergeben. Die zusätzliche Auswertung von Rauheitsmessungen an einem unter Betriebsbedingungen gezogenen Flachstab mit einem Breiten–Dicken-Verhältnis von 20:1 brachte aber einige neue Erkenntnisse. Bei fast konstanter Ausgangsrauheit sowohl in Längs- als auch in Breitenrichtung erhält man auf der gezogenen Oberfläche eindeutige Zonen unterschiedlicher Rauheit. Während die Randstreifen eine hohe Glätte aufweisen, bleibt die Mitte des Stabes ziemlich rauh. Dieser Unterschied ist mit dem bloßen Auge beinahe noch besser zu erkennen, als aus Abb. 61 hervorgeht. Als Erklärung für diese in den Ziehereien seit langem bekannte Erscheinung kann – gegenüber den im Abschnitt 5.1.1 und Abb. 31 dargestellten Ergebnissen – einmal die größere Querschnittsabnahme und zum anderen die abweichende Kalibrierung des Ziehwerkzeuges herangezogen werden. Beim Ziehen der Abmessung 30×10 mm wurde die von H. Preussler [37] angegebene Kalibrierung benutzt, nach

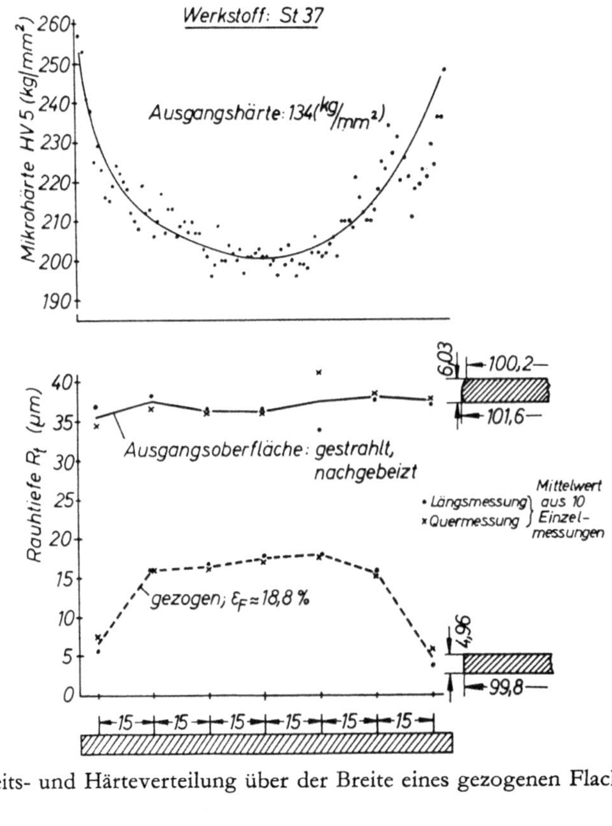

Abb. 61 Rauheits- und Härteverteilung über der Breite eines gezogenen Flachstabes

der die absolute Zugabe auf der Breitseite der Probe doppelt so groß ist wie diejenige auf der Schmalseite. Im vorliegenden Fall war die absolute Zugabe auf beiden Seiten des Profils gleich groß, so daß sich ganz andere Verformungsverhältnisse in der Ziehdüse eingestellt haben müssen, wobei das große b/h-Verhältnis nur nachteilig sein konnte. Wie aus der in Abb. 61 wiedergegebenen Härteverteilung über der Profilbreite zu ersehen ist, hat in den beiden Randzonen eine wesentlich größere Formänderung stattgefunden als in der Stabmitte. Die damit verbundene stärkere Werkstoffverfestigung muß einen entsprechenden Werkzeugdruck zur Folge gehabt haben, der die hohe Oberflächenglätte bewirkte. Aus der Literatur ist über diese Frage der Oberflächengüte im Zusammenhang mit der richtigen Werkzeuggestaltung so gut wie nichts bekannt, so daß hier noch viele Untersuchungen nötig sind. Eine ähnliche Beziehung zwischen Härteverteilung und Oberflächenrauheit ist beim Kalt-Stauchen beobachtet worden, wo auf den Stirnflächen eines gestauchten Zylinders auch am Rand die höchste Härte und die geringste Rauheit gemessen wurden [52, 53].

6.3 Folgerungen aus den bisherigen Ergebnissen

Die Oberflächenbeschaffenheit beim Ziehen von Stäben und Drähten wird in der Hauptsache durch die Größe der Formänderung im Einfach- und Mehrfachzug sowie durch den Düsenneigungswinkel beeinflußt. Die Endrauheit auf der Ziehgutoberfläche richtet sich außerdem nach der Höhe der durch Beizen oder Strahlen entstandenen Ausgangsrauheit und nach der Art des verwendeten Schmiermittelträgers; z. B. muß ein Phosphatüberzug nach dem Ziehen entfernt werden, um die tatsächliche Oberflächenrauheit freizulegen. Der Anteil der freien Rauhung (vgl. Abschnitt 2.2.1) an der gesamten Rauheit auf der gezogenen Oberfläche wird als vernachlässigbar gering angenommen; besondere Untersuchungen in dieser Hinsicht sind auch nicht angestellt worden. Die Werkzeugrauheit hat nach allgemeiner Ansicht keinen Einfluß auf die Qualität der gezogenen Oberfläche, sofern keine Materialaufschweißungen vorhanden sind. Bei maschinell polierten Hartmetall-Ziehsteinen wurden Rauhtiefen in Umfangsrichtung zwischen 0,1 und 0,8 μm gefunden. Damit unterscheidet sich die Rauheitsgröße von Werkzeug und Ziehgut vor dem Ziehen etwa um den Faktor 100, und selbst die Rauheit auf dem gezogenen Stab ist im ungünstigsten Fall noch zehnmal größer als die der Ziehdüse.

In den beschriebenen Ziehversuchen erreichte die Qualität der Ziehgutoberfläche niemals diejenige des Werkzeuges. Stattdessen konnte ein besonderer Fall von »Grenzrauheit« beim Mehrfachziehen eines geschliffenen Stabes beobachtet werden. Wie aus Abb. 62 hervorgeht, ergeben sich nach jedem Zug zwei verschiedene Oberflächen, da nämlich am Stabende eine relativ scharf abgegrenzte Zone größerer Glättung auftritt. Die Kontrastaufnahme macht dies gut sichtbar. Man erkennt deutlich, von welcher Stelle ab die Spiegelung des Rasternetzes auf der Staboberfläche unscharf wird. Da das Stabende nach jedem Ziehen abgeschnitten wurde und sich beim folgenden Zug auf der rauheren Oberfläche wieder die gleiche Erscheinung zeigte, dürfte eine Zufälligkeit als Ursache ausgeschlossen sein. Eine mögliche Erklärung könnte darin bestehen, daß infolge des fehlenden Materialzusammenhanges am Stabende auch ein anderer Spannungszustand und damit eine veränderte Stoff-Bewegung an der Oberfläche entsteht. Eine konstante Beziehung zwischen der Länge der Glättungszone und dem jeweiligen Stabenddurchmesser d_1 existiert nicht.

Für die Praxis ist das Mehrfach-Ziehen von Rundquerschnitten im allgemeinen zu teuer. Bei besonderen Ansprüchen an die Oberflächengüte folgt nach dem Ziehen ein Schleif- und Poliervorgang. Auf Grund der in dieser Arbeit gefundenen Ergebnisse

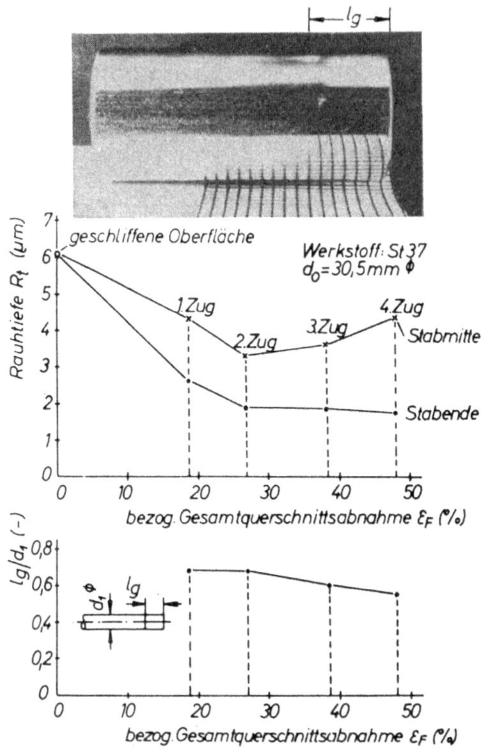

Abb. 62 Ausbildung einer Zone höherer Glätte am Stabende beim Mehrfach-Ziehen

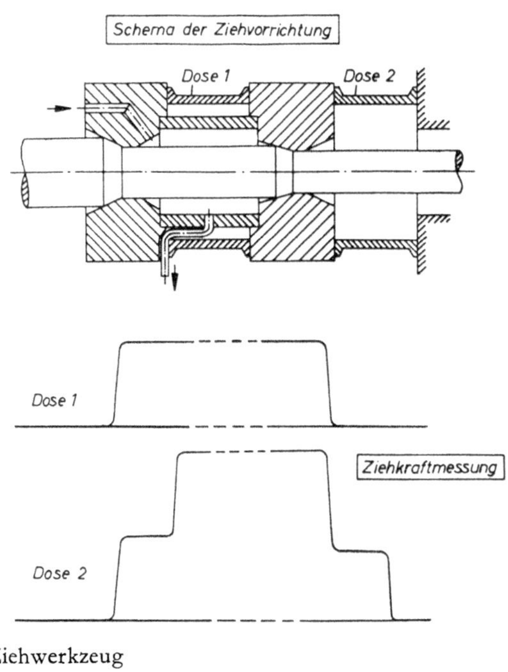

Abb. 63 Tandem-Ziehwerkzeug

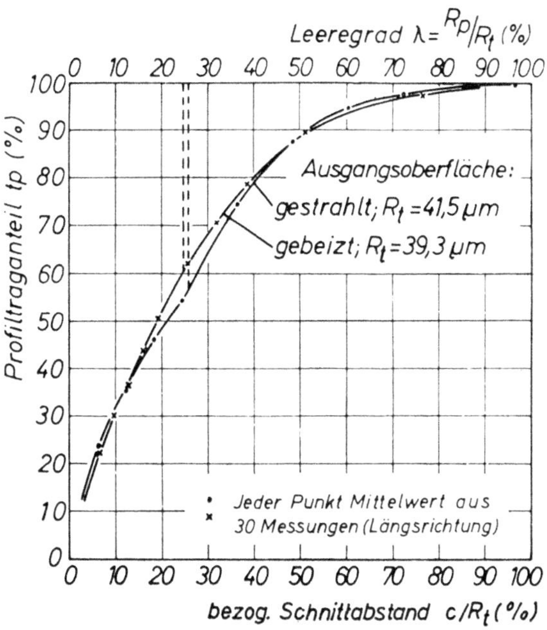

Einfachzug

Tandemzug

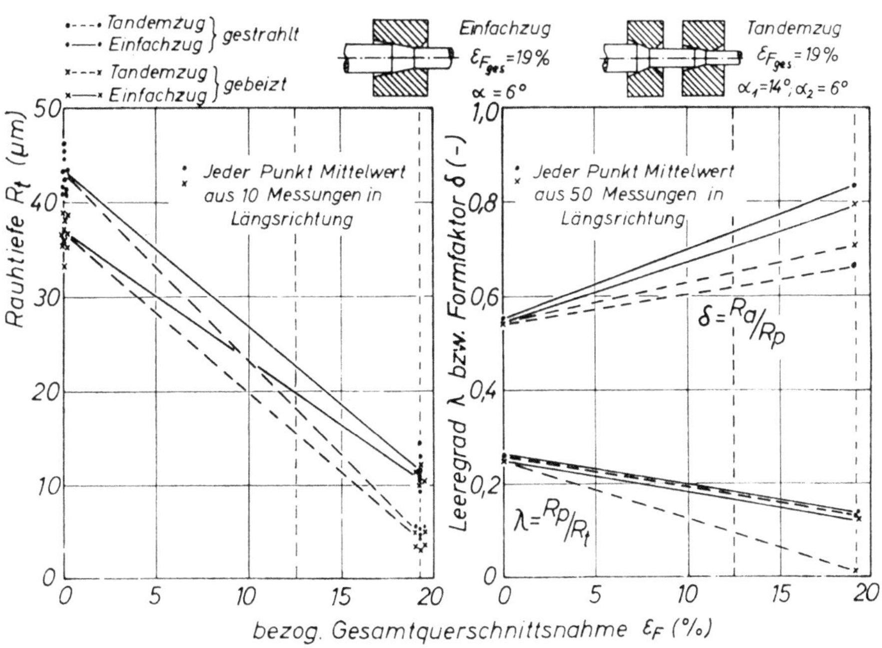

Abb. 64 Oberflächenrauheit nach dem Ziehen im Einfach- und Tandemzug

über die Abhängigkeit der Oberflächenrauheit von den verschiedenen Ziehbedingungen kann aber – im Gegensatz zur derzeitigen Arbeitsweise in den Betrieben – ein Verfahren vorgeschlagen werden, das ohne Berücksichtigung des Schleifens und Polierens eine erhebliche Steigerung der Oberflächenqualität von Blankstahl garantiert.

Ausgangspunkt für die Entwicklung des in Abb. 63 dargestellten Ziehwerkzeuges war die Überlegung, daß bei einem Zusammenwirken der positiven Einflußfaktoren

Abnahme,
Anzahl der Züge,
Ziehholgeometrie

ein Optimum an Oberflächengüte herauskommen muß. Deshalb wurde ein Tandemzug gebildet, dessen erste Ziehdüse mit einem steilen Winkel von $\alpha = 14°$ eine Abnahme von etwa 12% erbringen sollte, und dessen zweite Düse mit einem normalflachen Winkel von $\alpha = 6°$ bei einer Verformung von etwa 8% als Nachglättwerkzeug vorgesehen war. Beide hartverchromte Düsen waren durch eine abgedichtete Hülse miteinander verbunden, so daß eine Schmierung in der dargestellten Weise erfolgen konnte. Außerdem befand sich zwischen dem ersten und zweiten Ziehwerkzeug eine genau eingepaßte Druckmeßdose, um auch die Kraft des ersten Zuges ermitteln zu können. Für die Ziehversuche standen Stäbe aus C 35 zur Verfügung, die teils durch Beizen und teils durch Strahlen entzundert waren. Aus den Profiltraganteilkurven in der Darstellung $t_p = f(c/R_t)$ (Abb. 64, oberer Teil) ist sehr anschaulich abzulesen, daß die Ausgangsoberflächen trotz des unterschiedlichen Entzunderungsverfahrens sowohl der Größe als auch der Form der Rauheit nach fast gleich waren. Im unteren Teil der Abb. 64 sind die Ergebnisse der Rauheitsmessungen nach dem Ziehen zusammengestellt, wobei als Vergleich zum Tandemzug der dem derzeitigen Stand der Technik entsprechende Einfachzug mitaufgeführt ist. Die Endrauheit der im Tandemzug verformten Oberflächen ist um 50% geringer als diejenige beim Einfachzug. Obwohl es sich hier um Größenordnungen von 5 bis 10 μm handelt, ist doch der Unterschied in der Oberflächenqualität zwischen beiden Ziehverfahren auffallend groß und mit bloßem Auge gut feststellbar (Abb. 65).
Durch Messen der Ziehkräfte über die Druckmeßdosen 1 und 2 konnten für jeden Zug der Reibungsbeiwert und der mittlere Werkzeugdruck berechnet werden. Als Ziehkraftgleichung wurde die Formel nach G. Sachs/F. Körber/A. Eichinger [47, 48] mit einem Ergänzungsfaktor zur Berücksichtigung des von der ersten Düse ausgeübten Gegenzuges verwendet [54]. Die Gegenüberstellung der einzelnen Werte zeigt Abb. 66. Die größere Glätte der im Tandemzug gezogenen Stäbe ist wiederum auf die Wirkung des höheren werkstoffbezogenen Werkzeugdruckes zurückzuführen. Bemerkenswert an den Rechenergebnissen ist ferner, daß der Reibungsbeiwert μ beim Ziehen mit Rückzug (Tandemzug) absinkt und sofort wieder ansteigt, sobald das Stabende die 1. Düse verlassen hat.

Abb. 65 Oberflächenaussehen nach dem Ziehen im Einfach- und Tandemzug

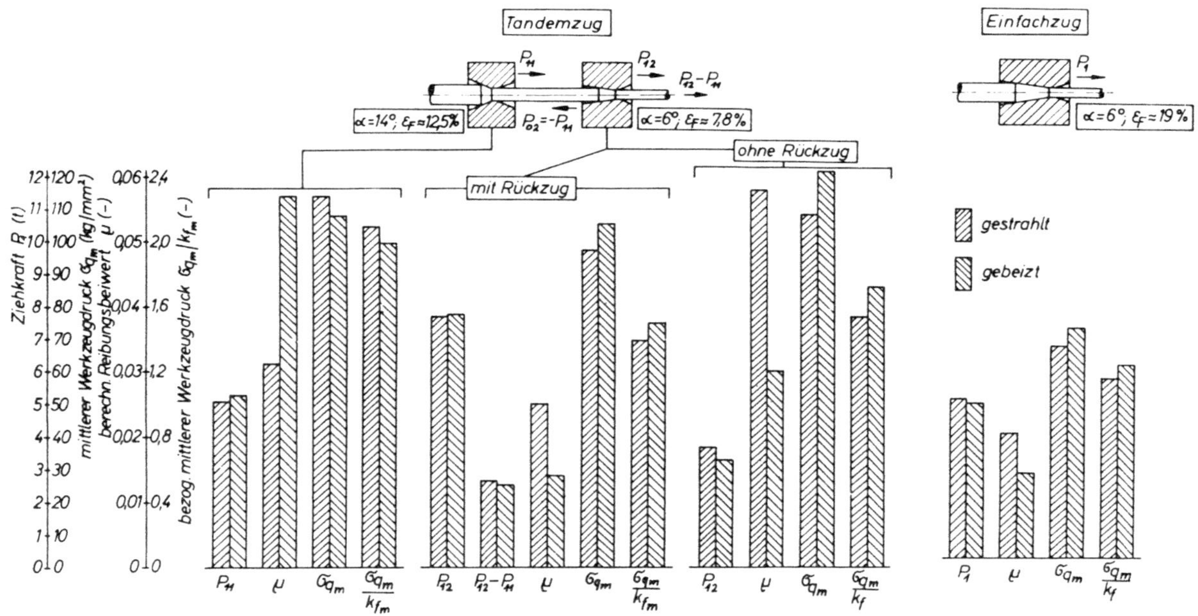

Abb. 66 Ziehkraft, Reibungsbeiwert und werkstoffbezogener Werkzeugdruck beim Ziehen im Einfach- und Mehrfachzug

7. Zusammenfassung

Die zunehmenden Anforderungen an die Güte kalt umgeformter Oberflächen und die damit verbundene Unsicherheit in der Beurteilung der erreichbaren Oberflächenqualität gaben die Anregung zu der vorliegenden Arbeit. Am Beispiel des Ziehens von Draht und Stabstahl sollte festgestellt werden, welchen Einfluß die Verformungsbedingungen auf die Veränderung der Ziehgutoberfläche ausüben.
Besonderer Wert wurde dabei auf eine klare Kennzeichnung der Rauheit gelegt. Kernpunkt aller Betrachtungen über den Charakter einer technischen Oberfläche war die Unterscheidung zwischen Rauheitsgröße und Rauheitsform. Beide erfahren durch die Umformung eine Veränderung. Während die Größe der Rauheit durch die genormten Oberflächenmaßzahlen ausreichend beschrieben werden kann, muß zur Kennzeichnung der Rauheitsform auf die nicht normgerechten Rauhwert-Verhältnisse zurückgegriffen werden. Als geeignetes Verfahren zur Darstellung beliebiger Oberflächenformen wird die Profiltraganteilkurve in der Form $t_p = f(c/R_t)$ vorgeschlagen. Umfangreiche Messungen beweisen ihre besondere Zweckmäßigkeit zur Unterscheidung der unverformten von der verformten Rauheit.
Zur Klärung des Einflusses der Ziehbedingungen auf die Oberflächenveränderung wurden die verschiedenen Parameter in einem sinnvollen Bereich variiert, wobei die in der Praxis üblichen Werte als Anhaltspunkte dienten. An Hand von theoretischen Überlegungen, praktischen Berechnungen und zahlreichen Meßwerten wird die Rauheitsabnahme beim Ziehen auf ein Zusammenwirken von Oberflächenvergrößerung und werkstoffbezogener Flächenpressung im Ziehwerkzeug zurückgeführt.
Im einzelnen wurden folgende Ergebnisse erhalten: Die Ausgangsrauhtiefe gebeizter oder gestrahlter Drähte und Stäbe liegt zwischen 30 und 60 μm. Mit steigender Querschnittsabnahme tritt eine Oberflächeneinebnung ein, die vor allem für das Stabziehen oberhalb von $\varepsilon_F \approx 30\%$ abgeschlossen ist. Die Güte der im Einzelzug erreichbaren Oberflächenqualität beträgt im besten Fall 8 μm. Bei gleicher Gesamtverformung ist die erzielte Endrauheit um so geringer, je mehr Züge durchgeführt wurden. Bei Verwendung verschiedener Ziehwinkel wird die Oberfläche um so glatter, je steiler die Düse ist. Die Größe der Ziehgeschwindigkeit und der zylindrischen Führungslänge im Ziehwerkzeug hat keinen Einfluß auf die Oberflächenbeschaffenheit beim Stabziehen. Die Untersuchung mehrerer Schmiermittel und Schmiermittelträger brachte noch keine vollständigen und gesicherten Ergebnisse; beim Stabziehen mit Phosphatüberzug ist zu beachten, daß die wirkliche Rauheitsgröße der gezogenen Oberfläche erst nach Entfernung des Schmiermittelträgers erscheint. Bei rechteckigen Ziehgutquerschnitten mit großem Breiten/Dicken-Verhältnis zeigte sich eine Abhängigkeit der Rauheitsverteilung über der Profilbreite von der Art der Werkzeugkalibrierung.
Die Erkenntnisse dieser Arbeit führten zur Entwicklung eines Tandemziehwerkzeuges, mit dem bei geringem Aufwand eine um 50% verminderte Rauheit des Ziehgutes gegenüber dem herkömmlichen Ziehen erreicht wurde.

Dem Landesamt für Forschung danken wir an dieser Stelle für die Unterstützung unserer Arbeit.

8. Literaturverzeichnis

[1] Kienzle, O., und K. Mietzner, Grundlagen einer Typologie umgeformter metallischer Oberflächen mittels Verfahrensanalyse. Springer-Verlag, Berlin–Heidelberg–New York 1965.

[2] Lueg, W., und U. Krause, Das Messen der Rauheit von kalt verformten Oberflächen. Stahl u. Eisen 80 (1960), 6, S. 325–334.

[3] Schmidt, H., Die Entwicklungsrichtung der Oberflächenprüfung. Der Maschinenmarkt 71 (1965), 71, S. 41–45.

[4] Wolff, H., Oberflächenprüfung mit Tastschnittgeräten. Werkst. u. Betr. 96 (1963), 11, S. 804–806.

[5] Hagen, W., Zur Definition der Maße für die Oberflächengüte. Werkstattstechn. 49 (1959), 5, S. 254–259.

[6] Weingraber, H. von, Der gegenwärtige Stand der Oberflächenprüfung und -messung aus den Blickwinkeln der Praxis und der Forschung. Werkstattstechn. 54 (1964), 11, S. 541–548.

[7] Weingraber, H. von, Einige Betrachtungen zur Geometrie technischer Oberflächen. VDI-Z. 103 (1961), 25, S. 1269–1275.

[8] Weingraber, H. von, Die Bedeutung der Forschung auf dem Gebiet der technischen Oberflächen. VDI-Ber. (1965), Nr. 90 (2. Oberflächen-Kolloquium, Braunschweig 1964).

[9] DIN 4762, Blatt 1–3, Erfassung der Gestaltabweichung 2. bis 5. Ordnung an Oberflächen an Hand von Oberflächenschnitten. Ausgabe August 1960.

[10] Bickel, E., Some fundamental problems in the measurement of surface roughness. »International Research in Production Engineering«, Part 8, Nr. 73, S. 667–674. – Proc. Inst. Prod. Eng. Res. Conf. (ASME), Carnegie Inst. of Techn., Pittsburgh (Pennsylv.), September 1963.

[11] Künzli, A., Das Messen und Prüfen der Rauheit technischer Oberflächen. Schweizer Arch. f. angew. Wiss. u. Techn. 30 (1964), 6, S. 179–190.

[12] Weingraber, H. von, Die neuen deutschen Oberflächennormen und ihre Auswirkung auf die Oberflächenmessung. Stahl u. Eisen 80 (1960), 26, S. 1933–1938.

[13] Schmaltz, G., Technische Oberflächenkunde. Berlin: Springer 1936.

[14] Vries, V. M. de, Ein universelles System zur Begriffs- und Wertbestimmung der Oberflächenrauheit. Fachber. f. Oberflächentechn. 2 (1964), 2, S. 41–45.

[15] Dreyhaupt, W., Rauhigkeit, Völligkeit und Traganteil. Werkstattstechn. u. Werksleiter 35 (1941), 14, S. 237–241.

[16] Hertel, G., Zum Informationsgehalt des Profiltraganteils. Fertigungstechn. u. Betr. 10 (1960), 12, S. 738–742.

[17] Pesante, M., Determination of surface roughness typologie by means of amplitude density curves. C.I.R.P.-Ann. 12 (1963/64), 2, S. 61–68.

[18] Ehrenreich, M., Die Steile des Traganteils – ein Maß der Oberflächengüte. Der Maschinenmarkt 64 (1958), 27, S. 17–20.

[19] Gary, M., Ein Näherungsverfahren zur Traganteilmessung. Z. für wirtsch. Fertigung 57 (1962), 12, S. 523–529.

[20] Fischer, F., K.-H. Schmitt-Thomas und V. Seul, Einfluß der Mikrooberfläche auf das Verhalten von Feinblechen im Tiefzug. Stahl u. Eisen 80 (1960), 22, S. 1524–1531.

[21] Kienzle, O., Zur Typologie umgeformter metallischer Oberflächen. Microtecnic 14 (1960), 3, S. 134–140.

[22] Vater, M., Zur Frage des Formänderungsvermögens beim Kalt-Stauchen von Zylindern aus austenitischen Manganstählen. Arch. f. Eisenhüttenwes. 35 (1964), 4, S. 325–328.

[23] Wiegand, H., und K. H. Kloos, Veränderungen der Oberflächenfeingestalt werkzeuggebundener Oberflächen beim Kalt-Stauchen. Stahl u. Eisen 83 (1963), 7, S. 406–415.

[24] LUEG, W., und U. KRAUSE, Messungen der Oberflächenrauheit von kalt gewalztem Stahlband sowie von gezogenem Stahldraht und Stabstahl. Stahl u. Eisen 79 (1959), 25, S. 1837–1843.

[25] KÖNIG, H., Glattwalzen. Schriftenreihe Feinbearbeitung Stuttgart; Das Industrieblatt 1954.

[26] KIENZLE, O., und K. MIETZNER, Die Oberflächenwandlung beim Kalt-Fließpressen von Stahl. Werkstattstechn. 54 (1964), 11, S. 549–555.

[27] MIETZNER, K., Untersuchungen über die Oberflächenbeschaffenheit von gezogenen Stäben. Stahl u. Eisen 83 (1963), 21, S. 1423–1431.

[28] TATTERSALL, G.H., Thick film lubrication in wire-drawing. Wire Ind. 29 (1962), 346, S. 975, 978–980, 982, 992 (Teil 1); 29 (1962), 347, S. 1083, 1086/87, 1115 (Teil 2).

[29] BLEILÖB, F., und H. BORN, Bestimmung der Oberflächenbeschaffenheit von Draht. Draht-Welt 49 (1963), 11, S. 477–483.

[30] VATER, M., G. NEBE und A. SCHÜTZA, Beitrag zur mechanischen Entzunderung von Draht. Forsch.-Ber. des Landes Nordrhein-Westfalen Nr. 1474, Westdeutscher Verlag, Köln-Opladen 1965.

[31] WIRTZ, H., Mechanische Entzunderung von Rundstangen als Vorbereitung der Oberfläche für das Ziehen. Draht 14 (1963), 9, S. 582/83.

[32] ZIELER, W., Heutiger Stand der Anlagen zum Strahlentzundern von Bändern, Blechen, Rohren und Drähten. Bänder Bleche Rohre Teil 1, 6 (1965), 12, S. 697–702; Teil 2, 7 (1966), 1, S. 15–20.

[33] MÜHLENWEG, H., Die Veränderung der Oberflächenrauheit beim Herstellen nahtloser Stahlrohre nach dem Ehrhardt-Verfahren mit nachfolgendem Kalt-Ziehen. Dr.-Ing.-Diss., TH Hannover 1958.

[34] DÉVÉNYI, G., Einfluß der Werkzeugform und des Schmiermittels auf den Hohlzug von Al 99,5-Rohren. Draht 13 (1962), 5, S. 223–231.

[35] KRON, H., Einfluß der Verformungsbedingungen auf Ziehkraft, Formänderungswirkungsgrad und innere Oberfläche beim Hohlzug von Rohren. Diplomarbeit Inst. f. Bildsame Formgeb., TH Aachen 1965.

[36] ANDRIEU, O., Die Blankstahloberfläche – das Sorgenkind der Hersteller. Ind.-Anz. 79 (1957), 82, S. 1235–1237.

[37] PREUSSLER, H., Das Kalibrieren von kalt gezogenen Profilen. Stahl u. Eisen 69 (1949), 23, S. 819–824.

[38] BOEHM, F., Herstellung von Ziehwerkzeugen aus Werkzeugstahl für die Blankstahlerzeugung. Stahl u. Eisen 71 (1951), 10, S. 522/23.

[39] PAPSDORF, W., Reibung, Verschleiß und Schmierung beim Drahtziehen. Stahl u. Eisen 72 (1952), 8, S. 393–399.

[40] BOHNEN, J.K., Stahlrohrziehereien. Bänder, Bleche, Rohre 4 (1963), 5, S. 226–232, und 4 (1963), 6, S. 305–314.

[41] KIENZLE, O., und R. MEIER, Erzielbare Maßgenauigkeit und Oberflächengüte beim Kalt-Flachprägen von Gesenkschmiedestücken. Werkstattstechn. 51 (1961), 10, S. 545–551.

[42] SIEBEL, E., Der derzeitige Stand der Erkenntnisse über die mechanischen Vorgänge beim Drahtziehen. Stahl u. Eisen 66/67 (1947), 11/12, S. 171–180.

[43] WIEGAND, H., und K.H. KLOOS, Der Kalt-Stauchversuch als Modellumformverfahren zur Erfassung der Reibungs- und Oberflächenvorgänge. Werkstattstechn. 56 (1966), 3, S. 129–137.

[44] KUNTZE, H., und A. POMP, Vergleich verschiedener Schmiermittelträger beim Ziehen von Drähten aus nichtrostendem Stahl. Stahl u. Eisen 74 (1954), 21, S. 1325–1334.

[45] LUEG, W., und P. FUNKE jr., Über das Ziehen von Titanstangen als Beispiel für die Verarbeitbarkeit schwer umformbarer Werkstoffe. Stahl u. Eisen 78 (1958), 25, S. 1816–1822.

[46] LUEG, W., und K.-H. TREPTOW, Schmierstoff und Schmierstoffträger beim Ziehen von Stahldraht. Stahl u. Eisen 72 (1952), 8, S. 399–412 (Teil 1); Stahl u. Eisen 76 (1956), 17, S. 1107–1116 (Teil 2).

[47] SACHS, G., Zur Theorie des Ziehvorganges. Z. f. angew. Math. u. Mech. 7 (1927), 3, S. 235/36.

[48] Körber, F., und A. Eichinger, Die Grundlagen der bildsamen Verformung. Mitt. KWI f. Eisenforsch. 22 (1940), Abhandl. 395, S. 57–80.
[49] Geleji, A., Bildsame Formgebung der Metalle in Rechnung und Versuch. Akademie-Verlag, Berlin 1960, S. 428ff.
[50] Lueg, W., und K.-H. Treptow, Der Einfluß der Schmierstoffe auf die Ziehkraft beim Ziehen von Stabstahl. Stahl u. Eisen 74 (1954), 21, S. 1334–1342.
[51] Pawelski, O., Ein neues Gerät zum Messen des Reibungsbeiwertes bei plastischen Formänderungen. Stahl u. Eisen 84 (1964), 20, S. 1233–1243.
[52] Kadow, J., Die Veränderung der Mikrogeometrie gerichteter Oberflächen beim Stauchen von zylindrischen Körpern aus niedrig gekohltem Stahl und AlMgCu zwischen ebenen parallelen Druckplatten. Diplomarbeit Inst. f. Bildsame Formgeb., TH Aachen 1964.
[53] Lange, H., Die Formänderung in der Grenzschicht beim Kalt-Stauchen metallischer Körper und ihre Bedeutung bei plastischer Verformung. Dr.-Ing.-Diss., TH Aachen 1962.
[54] Lueg, W., und J. Haas, Die Berechnung des Kraftbedarfs beim Ziehen mit Gegenzug. Arch. f. Eisenhüttenwes. 19 (1948), S. 137–143.
[55] Honke, M., Vorgänge in den Grenzschichten beim Warm-Stauchen metallischer Zylinder. Dr.-Ing.-Diss., TH Aachen 1964.
[56] Petersen, J., Über die Formänderungen beim Kalt-Walzen von Bändern. Dr.-Ing.-Diss., TH Aachen 1964.
[57] Kettner, H., Stoff-Fluß-Untersuchungen an Stäben mit Vollquerschnitt beim Warm-Walzen auf der Flachbahn. Dr.-Ing.-Diss., TH Aachen 1963.
[58] Dziobek, K., Die Oberfläche von bearbeitetem Holz. VDI-Ber. (1965), Nr. 90, S. 85–90 (2. Oberflächen-Kolloquium, Braunschweig 1964).

Forschungsberichte des Landes Nordrhein-Westfalen

Herausgegeben im Auftrage des Ministerpräsidenten Heinz Kühn
von Staatssekretär Professor Dr. h. c. Dr. E. h. Leo Brandt

Sachgruppenverzeichnis

Acetylen · Schweißtechnik
Acetylene · Welding gracitice
Acétylène · Technique du soudage
Acetileno · Técnica de la soldadura
Ацетилен и техника сварки

Arbeitswissenschaft
Labor science
Science du travail
Trabajo científico
Вопросы трудового процесса

Bau · Steine · Erden
Constructure · Construction material · Soil research
Construction · Matériaux de construction · Recherche souterraine
La construcción · Materiales de construcción
Reconocimiento del suelo
Строительство и строительные материалы

Bergbau
Mining
Exploitation des mines
Minería
Горное дело

Biologie
Biology
Biologie
Biologia
Биология

Chemie
Chemistry
Chimie
Quimica
Химия

Druck · Farbe · Papier · Photographie
Printing · Color · Paper · Photography
Imprimerie · Couleur · Papier · Photographie
Artes gráficas · Color · Papel · Fotografía
Типография · Краски · Бумага · Фотография

Eisenverarbeitende Industrie
Metal working industry
Industrie du fer
Industria del hierro
Металлообработывающая промышленность

Elektrotechnik · Optik
Electrotechnology · Optics
Electrotechnique · Optique
Electrotécnica · Optica
Электротехника и оптика

Energiewirtschaft
Power economy
Energie
Energía
Энергетическое хозяиство

Fahrzeugbau · Gasmotoren
Vehicle construction · Engines
Construction de véhicules · Moteurs
Construcción de vehículos · Motores
Производство транспортных · Средств

Fertigung
Fabrication
Fabrication
Fabricación
Производство

Funktechnik · Astronomie
Radio engineering · Astronomy
Radiotechnique Astronomie
Radiotécnica · Astronomía
Радиотехника и астрономия

GPSR Compliance

The European Union's (EU) General Product Safety Regulation (GPSR) is a set of rules that requires consumer products to be safe and our obligations to ensure this.

If you have any concerns about our products, you can contact us on ProductSafety@springernature.com

In case Publisher is established outside the EU, the EU authorized representative is:

Springer Nature Customer Service Center GmbH
Europaplatz 3
69115 Heidelberg, Germany

Batch number: 10584556

Printed by Printforce, the Netherlands